KB124968

엔지니어
재료분석

엔지니어 재료분석

Material Analysis

화재연 지음

중앙경제평론사

재료의 분석 이론과 해석 방법을 담다

반도체, 자동차, 디스플레이 등 첨단 산업의 발전에 필요한 신소재는 기술 발전과 활용에 따라 첨단 산업의 발전 속도를 좌우하고, 핵심 기초 소재는 국가적으로 큰 경제적 부가가치를 창출한다.

대학, 기업, 국가연구기관에서는 투자를 많이 하고 인력을 확충하여 신소재 개발에 열을 올리는데 신소재를 성공적으로 개발하려면 재료의 분석과 해석 방법이 매우 중요하다. 이에 따라 신소재 개발의 연구 방향이 설정되며 신소재 개발의 성공 여부는 최종적으로 재료 분석과 해석 결과에 따라 결정된다.

재료의 분석과 해석은 고등교육 과정에서는 기초 수학과 과학을 중심으로 교육하며 대학에서도 관련 이론과 수학을 배우지만 고등교육 과정에서 배우는 것보다 수준이 꽤 많이 차이 난다. 또한 재료 분

◎ 삼성전자 16GB LPDDR5 모바일 D램
출처: 삼성전자 뉴스룸

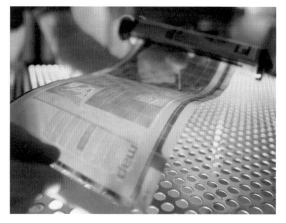

◎ 애리조나주립대학에서 개발한 플렉시블 디스플레이
출처: 위키미디어

석 이론도 대학에서는 고등교육 과정에서 배우는 물리, 화학보다 수
준이 높아서 대부분 장비 사용 방법만 배운다. 그리고 대학보다는 대
학원에서 재료 분석 장비를 심도 있게 해석하고 측정 방법도 배우지
만 대학원 실험실에서는 시간과 예산의 한계 등으로 인해 다양한 재
료 분석 장비를 충분히 갖추지 못하고 있다.

최근 연구과제 회의차 국내 대학을 방문했을 때 한 대학원생이 XRD(X선 회절분석법)를 이론적으로는 알지만 실제 측정한 경험이 없으며, 측정 결과에 대해 궁금한 점이 많은데 시료를 분석해줄 수 있느냐고 물어보았다.

XRD는 재료 분석의 기본이라 일반 기업이나 정부 연구소에서는 많은 기계를 도입해 빠르면 1~2일 안에 분석 결과를 알 수 있다. 그 대학은 서울에서 꽤 유명한 곳인데도 대학원생이 졸업 전까지 재료 분석의 기본인 XRD도 측정해보지 못했다고 하니 생각이 많아졌고, 이 일이 계기가 되어 이 책을 쓰게 되었다.

이 책은 대학생과 대학원생은 물론 초급 엔지니어를 대상으로 썼으므로 장비 전문가, 장비 오퍼레이터 등 전문가에게는 내용이 쉬울 수도 있다. 하지만 현장에서 필자가 배우고 경험한 재료의 분석 이론과 해석 방법에 대한 지식이 대학생과 초급 엔지니어가 학교나 기업에서 수행하는 재료 개발 프로젝트에 도움이 될 거라고 기대한다. 그리고 재료를 정확히 해석해서 연구 방향이 올바르게 설정되고 그로써 시간과 노력을 최소화해 연구개발에 성공하는 데 조금이나마 도움이 되기를 바란다.

차례

3장 무료로 논문을 보려면

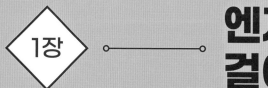

1장 ──── 엔지니어가 걸어가는 길

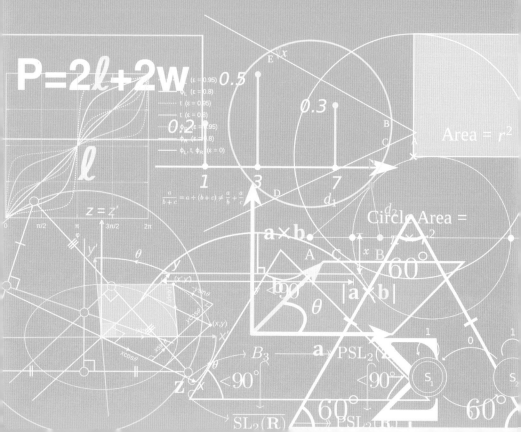

1
어떻게 엔지니어가 되나

학사로 공과대학을 졸업하면 바로 기업에 들어가거나 대학원에 진학해 이론과 실천 방법을 더 공부해 석사학위나 박사학위를 받고 나서 기업·정부기관에서 일자리를 찾는다. 10년 전부터 공대를 나오면 취업이 잘된다는 이야기가 많았고, 현실적으로도 기업에서는 인문계보다는 자연계나 공과대를 졸업한 사람을 선호하는 경향이 있다. 대부분 기업에는 연구·제조·품질 분야에 상대적으로 자리가 많아서 자연대나 공과대를 졸업한 사람을 더 많이 채용한다.

따라서 기업에서 공학계열을 졸업한 사람들은 대부분 연구·제조·품질 분야 등에 배치되며 인문계열을 졸업한 사람들은 경영지원·재무·회계 등에 배치된다. 요즘은 최악의 취업난에 코로나19의 영향까지 겹쳐 기업의 채용 인원이 줄어들고 있다. 그러다 보니 경영지원·

재무·회계 등의 부서에 배치되는 사람들은 스펙이나 경력이 엄청나며 외국어도 2~3개는 기본으로 하는 사람이 많다.

연구·제조·품질 분야에는 최근 엄청난 인재들이 채용되기는 하지만 상대적으로 스펙보다는 대학이나 대학원에서 어떤 프로젝트를 했고 어떤 경험을 쌓았는지를 더 중요하게 본다. 얼마 전까지만 해도 직원을 채용할 때 학점, 자격증, 영어 점수로 평가했지만 지금은 전공, 프로젝트 경험에 따른 업무 일치성과 조직에 잘 어울릴 수 있는지를 기준으로 채용하는 경우가 많다.

물론 학벌, 학점, 자격증 등을 무시할 수는 없지만 채용 기준의 우선순위가 많이 바뀐 것으로 보인다. 기업과 공공기관에서는 학교, 학점 등을 쓰는 칸이 없어진 블라인드 채용을 한다. 대학원을 다녔으면 교수 추천을 받거나 기업과 프로젝트를 하면서 추천받아 채용되는 경우도 상당히 있다.

그럼 공과대 학사 출신이 기업에 엔지니어로 입사하는 비율이 얼마나 될까? 필자가 기업에서 근무할 때는 50% 정도였다. 석사나 박사는 대부분 엔지니어 또는 연구원으로 입사하지만 학사로 입사하면 영업, 구매, 엔지니어, 연구원 등 다방면으로 활동하게 된다. 물론 개인의 적성과 기업의 평가를 바탕으로 직군이 정해지기도 하지만 희망 부서를 지원해 관련 부서에서 승인이 나면 발령을 받기도 한다. 학교에서 선배들에게 기업의 제조나 설비 부서의 엔지니어로 일하면 힘들고 업무가 많다고 경험이나 이야기를 많이 듣기 때문에 기피하는 경우도 있지만 최근 주 52시간 근무와 같은 기업 내에서 근무시간을 조절하기 때문에 기피하는 경향은 많이 줄어든 것 같다.

제조·설비·엔지니어는 회사마다 다를 수 있지만, 대개 임금이 많아도 근무 환경이 상대적으로 좋지 않으면 회사 차원에서 복지를 우선 제공하기도 한다. 그리고 제조업에서 제조·설비는 핵심 분야이므로 회사 내에서 지위가 높아 다른 부서보다 권한이 많은 경우도 있다.

몇 년 전까지만 해도 공장에서 근무하는 엔지니어들은 대부분 학사 출신이었으나 최근에는 기업들이 모집 분야와 자격에서 상세한

사항을 요구하므로 학사 출신이 신입 엔지니어로 채용되는 문이 좁
아지고 있다.

　연구소 인원은 대부분 석박사를 채용하는데 요즘은 제조 부문에서
도 석박사를 선호하는 것으로 보인다. 외국의 유명한 화학 제조 기업
의 경우 나라에 따라 다르지만, 학사는 기술직에 배치하고 석사부터
엔지니어로 채용하기도 한다.

　대학에서는 공학을 전공하면서 중간고사, 기말고사 외에 많은 시
험과 어려운 전공, 기초 과목을 공부하고 대학원에서는 지도교수와
수많은 회의, 논문, 프로젝트 등을 하며 석박사를 취득한 뒤 엔지니
어로 입사한다. 대학이든 대학원이든 졸업하고 입사하면 신입 엔지
니어가 된다.

대학과 대학원에서 교수, 랩 동료들과 공부와 실험을 열심히 했다면 이제는 더 많은 사람과 커뮤니케이션하고 문제를 해결해야 한다. 또 엔지니어로 기업에서 어떤 위치에서 어떤 역할을 하고 엔지니어에게 무엇이 필요한지 엔지니어를 통해 자신이 어떻게 발전하고 어떤 로드맵을 그려나갈지가 중요하다. 신입 엔지니어로 입사해서 엔지니어 업무만 할지 아니면 영업이나 기획 등 다른 분야로 확장하거나 엔지니어와는 전혀 다른 길을 걸어갈지 당신 선택에 달려 있다.

② 신입 엔지니어는 무슨 일을 할까

기업에 들어가 신입사원 연수, 기업 설명, 여러 교육 등을 받다보면 2~3개월이 금방 지나간다. 교육이 끝나고 기업 평가나 면접을 거쳐 배치받은 부서에서는 업무 프로세스와 현재하고 있는 주요 업무나 보고서 공유, 회사 프로그램 사용법 등 다양한 실무를 선배 엔지니어에게서 배우게 된다.

어디나 마찬가지지만 기업이나 학교 등에 처음 들어가면 그 조직에서 할 일과 프로세스를 배우는데, 이때 본격적으로 업무를 진행하기 위한 보조적 방법이나 프로세스를 숙지하고 활용할 줄 알아야 한다.

연구소 조직은 대학이나 대학원 같은 캠퍼스 분위기가 나는 곳이 종종 있지만 제조 조직은 분위기가 군대와 상당히 비슷하다. 물론 분위기가 그와 반대로 만들어지는 곳도 있다. 인터넷에서 부바부(부서 by 부서, Case by Case와 비슷함) 같은 말을 볼 수 있듯이 분위기는 부서에 따라 천차만별이다. 조직이나 팀 분위기는 좋은데 선배 엔지니어나 팀장 때문에 힘들어하거나, 사람들은 정말 좋은데 조직 분위기가 어수선하거나, 일이 너무 많아 서로 대면할 시간이 없어 충돌이 적은 곳도 있다.

　어차피 신입 엔지니어로 입사하면 조직 분위기나 팀 사람들이 어떻든 크게 느끼기도 어렵고 대부분 눈치만 보게 된다. 선배 엔지니어로서는 하라는 일 잘하고 말귀를 한번에 알아듣는 것이 가장 좋지만 신입 엔지니어에게는 이렇게 하기가 그리 쉬운 일이 아니다. 주위에서 크게 기대하지 않으니 업무는 썩 잘하지 못하더라도 팀원들에게

동료애가 있고 맡은 일을 제시간에 해내는 책임감이 있다는 것만 보여줘도 충분하다.

예전에는 회식에서 술을 잘 마시고 쉽게 어울리는 신입사원을 선호했다지만 지금은 회식 말고도 대체할 방법이 많다. 회사에서 지원하는 동호회 활동이나 멘토/멘티 제도 등 다양하다. 요즘은 오히려 기업에서 필요 이상의 술자리를 줄이려고 노력한다. 하지만 조직 분위기가 보수적인 곳에서는 상황이 약간 다를 수 있다.

엔지니어들은 제조나 설비 라인에 들어가면 정말 많은 사람과 업무 또는 커뮤니케이션을 해야 하며 술자리를 같이해야 하는 경우도 많다. 스스로 다른 사람을 효과적으로 이해시킬 커뮤니케이션 방법이 있으면 관계없지만 때로는 회식도 하나의 방법으로 고려해야 한다. 특히 엔지니어/테크니션 가운데 나이가 많거나 남자가 많을 때는 술자리가 유용한 방법이 될 수 있다.

조직에서는 신입 엔지니어에게 많은 것을 바라지 않는다. 주어지는 일 잘하고 동료애가 있으며 선배 엔지니어와 관계를 돈독히 하면 크게 문제 될 게 없다. 이 부분은 엔지니어만이 아니라 모든 신입사원에게 해당하는 말이다. 그러나 엔지니어가 많은 제조 부서 같은 경우 출퇴근 시간 관리, 주말 출근 여부, 업무 처리 여부 등 여러 가지를 보며, 이를 통해 성실성을 판단하기도 하므로 다른 조직에 비해 보수적이라고 할 수 있다.

최근 기업에서는 팀장 외에 대리, 과장 같은 직군을 없애며 수평적 조직을 만들려고 하지만 한쪽에서는 눈에 보이지 않는 수직적 체계를 만들기도 한다. 선배 엔지니어나 팀장 가운데 성격이 잘 맞지 않는 사람이 있으면 그 또한 신입 엔지니어에게는 무척 힘든 부분이 될 수 있다.

이런 이유로 어렵게 들어간 회사를 그만두는 사람도 많이 보았다. 신입 엔지니어에게는 기업에서 하는 모든 일이 낯설고 어려운데도 기업과 선배 엔지니어에게는 참을성이 부족해 보여 닦달하는 경우도 있다.

기업은 학교와 달리 이윤을 추구하고 철저히 책임을 따지기 때문에 신입 엔지니어도 주어진 시간에 업무를 진행하면서 자신의 적성

을 탐색하고 선배 엔지니어에게 맞는 커뮤니케이션 방법을 찾았으면 한다. 이 커뮤니케이션 방법이 신입 엔지니어의 첫인상이 되며 팀이라는 조직에 오랫동안 영향을 준다. 그리고 선배 엔지니어에게 주는 첫인상은 되돌리기가 매우 어렵다.

금수저 출신이거나 기업에 오래 있지 않을 거라면 상관없지만 그렇지 않다면 커뮤니케이션을 통한 첫인상 구축이 신입 엔지니어에게는 아주 중요한 부분이다. 또한 향후 업무 방향을 설정하고 진행하는 데도 첫인상을 좋게 하는 것이 정말 필요하다.

업무를 진행하다 보면 시니어 엔지니어에 도달하게 되고 이제부터는 기업의 제품을 연구하거나 제조하는 본격적인 프로젝트에 뛰어들게 된다. 시니어 엔지니어는 신입 엔지니어와 달리 업무에 책임이 많이 따르고 후배 엔지니어가 지켜보는 존재로, 기업은 물론 한 나라의 근간이 되는 중요한 역할을 하는 사람이다.

3
일과 가정의 중심, 매력적인 시니어 엔지니어

신입 엔지니어로 업무를 진행하다 시간이 흐르면 후배 엔지니어가 들어오고 더 큰 프로젝트를 맡게 된다. 시니어 엔지니어가 되면 다른 부서 엔지니어와 같이 프로젝트를 맡아 주요 업무를 추진하는 경우가 많다. 제조업에서 시니어 엔지니어는 보통 생산 관련 제조, 제조 기술 관련 부서와 연구소, 품질팀, 구매팀 등 업무 스코프(scope)가 확장되면서 다양한 경험을 하는 위치가 된다. 다양한 경험을 쌓는 동시에 복잡한 커뮤니케이션이 많이 발생하게 된다.

신입 엔지니어 때는 선배 엔지니어가 하라는 일을 했지만 시니어 엔지니어가 되면 기업에서 이윤을 창출하기 위한 목표를 준다. 그러면 시니어 엔지니어는 그 목표를 이루기 위해 세부 목표를 세우고 달성 방안을 만드는 업무를 하게 된다. 신입 엔지니어 때 커뮤니케이션

스킬을 길렀다면 지금부터는 유연한 사고를 바탕으로 자신이 받아들일 수 있는 수용력(캐파)을 키워야 한다. 물론 신입 엔지니어 때처럼 커뮤니케이션 스킬도 더욱 중요해진다.

시니어 엔지니어가 되면 많은 팀과 스케줄링 및 업무 처리를 진행하면서 커뮤니케이션 또한 복잡해지다 보니 마찰과 갈등이 많이 생기는 데 비해 여러 부서의 다양한 업무를 접해볼 수 있다. 특히 제조업에서는 품질/제조/영업/재경 부서에서 갈등이 많다. 예를 들어 품질과 제조 부서는 제조한 제품의 부적합 관리 및 불량 예방, 검사, 처리에 책임이 있다 보니 마찰이 많이 생긴다. 재경은 기업에서 돈을 관리하고 승인하는 부서라 투자나 예산 책정을 관리하기 때문에 권한이 많은 반면 대부분 부서와 마찰이 있다.

영업에는 내부/외부 영업이 있지만 내부 영업을 기준으로 보면, 제품에 대한 고객 오더를 제조 부서로 전달하므로 제품에 클레임이 있거나 제품이 적시에 공급되지 않을 경우 마찰이 생긴다. 이처럼 제조업에서 엔지니어는 대부분 부서와 의사소통을 하고 업무를 처리하므로 다양한 업무를 진행할 수 있지만 그만큼 스트레스도 상당히 많이 받는다.

여기서 시니어 엔지니어에게는 회사에서 주는 기회가 많이 찾아온다. 물론 업무 평가도 좋고 동료들과 관계가 원만한 시니어 엔지니어에게 그런 기회가 많이 간다. 제조업에서는 엔지니어의 제조 지식과 경험을 높이 사는 편이며 이런 경험을 바탕으로 영업, 구매, 연구소, 기술 관련 지원부서 등에 지원할 기회가 주어진다.

관련 부서 팀의 팀장이나 더 높은 직급에서 엔지니어를 데려가려는 경우도 있다. 학사나 석사 출신의 경우 회사 차원에서 상급 학교에 진학할 기회를 주거나 MBA나 해외 대학 유학까지 지원해주는 경우도 많다.

물론 교육을 지원받으면 보통 교육받은 기간의 두 배 정도 의무적으로 회사에서 일해야 하지만 학사나 석사 출신 엔지니어가 상위 학위를 받으면 몸값도 높아질 테니 아주 좋은 기회라고 할 수 있다. 시니어 엔지니어쯤 되면 보통 가정도 이루지만 회사에서 이런 기회를 준다면 대부분 가족도 흔쾌히 받아들인다. 따라서 자신이 한 발 더 발전한다는 느낌을 받을 수 있다.

사실 이 시기에 가정이 있으면 가정과 회사 업무에서 균형을 이루기가 어렵다. 회사 일에 치여 가정을 소홀히 하거나 그 반대로 되는 경우가 허다하다. 양쪽에서 스트레스를 많이 받는 힘들고 외로운 시기이지만 꿋꿋이 버티면 좋겠다. 나쁘고 힘든 일이 지나면 좋고 행복한 일도 따라오기 마련이니 말이다.

주재원으로 발령 나서 해외 지사나 파트너 회사로 가는 엔지니어도 있다. 주재원으로 나가면 추가 수당이 붙어 월급을 많이 받을 수 있지만 요즘은 반드시 그런 것도 아닌 듯하다. 추가 수당이 붙어 월급이 1.5~2배 나오기도 하지만 국내에서와 똑같은 월급을 주는 기업도 있다. 또 가족과 같이 나가기도 하지만 혼자 나가서 힘든 경험을 하는 엔지니어도 많이 보았다.

엔지니어는 대개 국외에 공장을 세우게 되어 설비 세트업 또는 제조라인 검증 등이 필요할 때 주재원으로 나간다. 그런데 대부분 일이 일정에 맞게 돌아가지 않기 때문에 밤을 새우는 경우도 많고 새로운 환경에 적응하느라 시간과 노력이 많이 필요하다.

직급이 높은 관리자급으로 나가는 경우는 덜할지 모르지만 대부분 주재원 생활이 힘들었다고 토로한다. 그래서 회사에서도 처음부터

결혼하지 않은 직원을 보내거나 아예 가족과 함께 보내기도 하지만 엔지니어로서 주재원 생활은 다른 업종과 다르게 힘든 경우가 제법 있는 것 같다.

시니어 엔지니어가 되면 엔지니어로서 어떤 로드맵을 그려나갈지 판단해야 한다. 따라서 가정과 회사는 물론 자신의 인생에서도 이 시기는 가장 중요하다고 할 수 있다. 이때 대부분 엔지니어는 인생에 대해 고민을 많이 한다. 엔지니어 업무가 맞는지, 영업/구매 등 지원 업무가 맞는지, 또 다른 업무가 맞는지 정말 많이 고민하게 된다.

여기서 시니어 엔지니어는 커리어 로드맵을 잘 세워야 한다. 엔지니어 경험이 충분하다고 느끼면 영업/구매 부서 등으로 팀을 옮겨 그 방향으로 전문가가 되거나 다른 제조기업으로 이직해 자신이 원하는 직업과 직급을 가질 수 있다.

엔지니어 출신으로 영업/구매 등에 진출하면 회사의 전반적 시스템을 두루 경험할 수 있어서 MBA 또는 그룹 본사 근무까지 할 수 있다. 실제로 국내 대기업에는 엔지니어 출신 CEO가 많다. 제조/경영 분야를 두루 경험한 인재들이 임원 자리에 많이 오르는 것이다.

최근에는 주52시간 근무나 워라밸(Work-life balance)이 화두로 떠오르면서 PC오프제, 출퇴근 시간 관리 인사평가 등을 통해 엔지니어 업무가 빡빡하게 돌아가지는 않는다. 하지만 아직도 많은 기업에서는 엔지니어에게 희생을 강요하는 부분이 있다. 그렇지만 기업에서는 대부분 확실한 보상과 권한을 준다.

능력을 더 키우려고 자격증을 딸 준비를 하거나, 대학원에 진학해 공부를 더 하려고 직장을 그만두거나, 엔지니어가 적성에 안 맞고 생활에 지쳐 공무원 시험을 준비하거나, 다른 일로 직업을 바꾸는 사람도 있다. 그렇지만 직장을 그만두거나 이직하는 것이 비난받을 일은 아니다. 자기에게 더 나은 방향으로 가면 그만이다.

박사학위가 있는 사람은 학계로 돌아가 학생들을 가르치거나 정부출연연구소로 진출하기도 한다. 대학교수 가운데는 대기업에 다녔던 사람도 많은데, 기업에 있을 때보다 임금은 줄겠지만 원하는 일을 자유로운 분위기에서 한다는 것이 큰 장점이다.

사람은 저마다 성격도 다르고 처한 환경도 다르므로 각자 원하는 길을 가면 된다. 물론 경영이나 영업 부문에서 일하다가 학계로 가는 사람도 있지만, 연구원이나 엔지니어가 아닌 이상 박사과정을 밟는 사례는 드물고, 대학이나 정부출연연구소로 가려면 이런 학력이 거의 필수 조건이기 때문에 엔지니어가 가는 경우가 많다.

엔지니어가 적성이 맞지 않아 다른 사업을 시작하는 사람, 부모님 사업을 물려받는 사람, 유튜브 등 방송에 진출하는 사람이 있는 반면 부동산이 대박 나서 회사를 취미로 다니는 사람, 적당히 근무하며 만족하는 사람 등 기업에는 정말 다양한 사람이 있다. 이런 일은 제조업뿐만 아니라 다른 기업에도 있겠지만 엔지니어와는 다른 길이니 더 언급하지 않겠다.

시니어 엔지니어로 근무 연수가 10~15년 정도 되면 파트장이 되거나 팀장 이상 관리자 직급에 있게 된다. 이 위부터는 엔지니어라기보다 관리자/매니저급으로 성과 효율을 극대화하면서 사내 정치의 풍파 속에서 살아야 한다.

전문위원, 기술위원 등 임원급 엔지니어나 연구원이라는 직급이 새롭게 생겨 계속 엔지니어로서 근무하거나 후배 엔지니어 양성 업무를 하기도 하지만 대부분 엔지니어는 관리자/매니저급으로 성장한다. 시니어 엔지니어는 엔지니어로 계속 남을지 아니면 관리자/매니저급 직무로 갈지 선택과 고민을 할 수밖에 없다.

4
기업의 책임자, 관리자 엔지니어

〜〜〜〜〜〜〜〜〜〜〜〜〜〜〜〜〜〜〜〜〜〜〜〜〜〜

　자신의 인생 경로가 엔지니어밖에 선택지가 없으면 파트장이나 팀장, 임원급 엔지니어까지 오게 된다. 이때부터는 엔지니어로서 실무를 한다기보다는 전체 프로젝트를 관리·승인하는 업무를 주로 하게 된다. 빠르면 시니어 엔지니어에서 프로젝트 관리를 진행한다.

　최근 직급 통폐합 등으로 직급 간 거리가 줄어들어 수평적 분위기가 형성되면서 시니어 엔지니어나 팀장급 엔지니어의 역할 차이가 불분명해진 경우도 있다. 또 전문적인 기술을 갖춘 엔지니어는 권한을 더 많이 갖기도 한다.

　특히 팀장이나 파트장이 아닌 엔지니어는 예우 차원에서 연구위원, 전문위원, 수석위원 등 다양한 직함으로 매니징보다는 엔지니어 업무에 충실하기도 한다. 어떤 기업에서는 해당 직급에 해당하는 사람은 임원 진급을 하지 못하고 최종적으로 기업에서 받는 직급으로 불리기도 한다.

책임자급 엔지니어는 주로 어떤 업무를 할까? 제조업에서는 원료 수급 문제, 품질·제조 불량 등에 대한 의사결정, 기업 내 핵심 프로젝트 보고 등의 업무를 한다. 안으로는 팀을 관리하고 고위 임원 지시사항, 기타 인사 업무 등을 수행하므로 출근해서 퇴근할 때까지 회의만 하다 끝나는 경우가 많다. 그리고 업무 시간이 끝나도 야근을 많이 하며 다음 날 회의 자료를 준비하거나 연구개발 프로젝트를 진행·관리하는 등 무척 바쁘다.

몇 년 전만 해도 기업에서 부장급 직위에 있으면 아침에 커피를 마시며 신문을 보다가 회의 몇 번 하고 퇴근시간에 맞춰 퇴근해 술 한

잔 기울일 수 있었지만 이제 그런 시대는 가버린 것 같다. 최근에는 기업 조직이 클수록 파트장이나 팀장급 이상 엔지니어가 이렇게 일하는 경우는 거의 보지 못했다.

개발하거나 양산할 시간은 많지 않은데 프로젝트는 끝내야 하고, 어설프게 알고 있다가는 질책을 당하기 쉽다. 따라서 팀장급 이상 엔지니어는 임기응변에 강하고 프로젝트에 대한 스코프를 넓게 해야 버틸 수 있다. 즉 높이 진급할수록 업무가 무척 무겁고 힘든 경우가 제법 있다.

경영지원 등 일반 사무직이든 엔지니어든 팀장 이상 직급에 오르면 스트레스가 심하다. 기업에서는 임원이 별이라고 하는데, 그 자리까지 오르기가 정말 쉽지 않다. 그 대신 기업은 성과 위주이다 보니 그에 따른 보상은 꿀과 같다. 따라서 많은 사람이 기업에서 임원으로 진급하려고 노력한다.

책임자급 엔지니어로 올라서면 사내 정치라는 무서운 소용돌이에 휘말리게 된다. 앞서 신입 엔지니어에게 중요한 사항 중 하나로 첫인상을 강조했지만, 이는 시니어 엔지니어나 책임자급 엔지니어가 될 때까지 이어진다. 여기에 책임자급 엔지니어가 되면 기업 실적에 따른 팀과 팀, 부문과 부문별로 경쟁에 휩싸이며 부서 이기주의의 끝을 보게 된다.

팀 위주 기업에서는 팀장 권한이 막강하지만 프로젝트 위주 기업에서는 프로젝트 매니저의 권한이 막강하며, 팀장과 프로젝트 매니저의 경쟁이 연구개발/생산/품질 부문 등 모든 부분에서 일어난다.

회사의 중요한 프로젝트를 위해 여러 부서에 업무를 배분하여 진행하지만 업무 결과를 공유하는 자리에서는 팀 이기주의나 경쟁이 많아 원하는 방향으로 업무가 진행되기까지 낳은 어려움이 따르는 경우가 많이 있다.

이때부터는 실적도 어느 정도 있어야 하지만 기업문화, 인간관계, 임원 간 관계 등 변수와 그 영향이 다양해진다. 따라서 일률적으로 말하기는 어렵지만 책임자급 엔지니어로 성장하면서 쌓은 경험과 인간관계를 바탕으로 더불어 성장하는 마인드를 꼭 갖춰야 한다.

그럼 책임자급 엔지니어가 아닌 다른 엔지니어는 어떨까? 팀장의 권한에 도전만 하지 않으면 팀에서 쉽게 활동하는 편이다. 맡은 업무를 충실히 하고 인사고과를 B만 유지해도 퇴직을 강요받지 않고 편하게 일하는 경우도 많다. 팀장과도 근무 연수가 많이 차이 나지 않으며 제조업에서는 서로 형, 동생 하기도 해서 팀장과 업무를 잘 조율하면 엔지니어 업무가 쉽게 풀려나가는 경우가 많다.

특히 팀장과 잘 맞으면 차기 팀장이 될 수도 있지만 팀장으로 진급하기 싫어서 유유자적하며 업무를 하는 경우도 많이 보았다. 기업에 있으면 정말 다양한 성격에 다양한 얼굴을 만날 수 있다. 요즘 기업에서는 진급이 빠르면 빠를수록 퇴직도 빠르다는 우스갯소리가 있으며, 실제 장(長)급 직위를 거부하고 노조의 울타리 안에서 끝까지 버티는 사람도 있다.

엔지니어가 책임자급이 아니라고 하여 기업에서 하라는 활동만 하며 유유자적 업무를 하는 것은 아니다. 팀장이 아니더라도 임원들이 하위 임원부터 상위 임원까지 있다 보니 간섭이 많고 다른 직군으로 보내 다른 업무를 맡기는 경우도 많다. 기업은 철저히 성과를 따지기 때문에 가만히 놔두지 않는다. 게다가 기업 자체의 실적이 나쁘거나 어려워지면 명예퇴직 1순위가 되기 때문에 조심해야 한다.

책임자급 엔지니어는 실무를 하기보다는 후배 엔지니어를 양성하거나 결과 해석과 추가 개선 지시를 내리기 때문에 제조 결과나 해석에 대한 지식과 마인드가 아주 중요하다. 이 부분이 바로 프로젝트의 방향이 되고 결과가 되기 때문이다. 기업에서는 열심히 일하는 엔지니어보다는 업무를 올바르게 꾸준히 하는 엔지니어를 좋아한다.

그리고 엔지니어로서 올바르게 업무를 수행해왔다면 따르는 후배 엔지니어도 많을 것이다. 열심히 일하는 엔지니어로서는 억울하겠지만 열심히 일한다고 해서 반드시 좋은 결과를 내는 것은 아니기 때문이다.

꾸준히 올바르게 일하는 엔지니어가 선후배 엔지니어 사이에서 인기도 좋고 업무 성과도 좋은 경우가 많다. 엔지니어로 성장하면서 바르게 꾸준하게 업무를 진행해왔다면 쌓인 지식, 경험과 인간관계 등을 바탕으로 프로젝트의 올바른 방향을 잡아 좋은 결과를 만드는 일이 수월할 것이다.

5
즐기는 엔지니어,
꾸준함과 첫인상

일하는 개미집단과 노는 개미집단을 연구한 결과를 아는가? 일본의 한 연구팀에서 개미집단을 연구한 결과 일하지 않고 노는 개미가 늘 20~30% 존재한다는 것을 밝혀냈다. 노는 개미를 제외하고 일하는 개미만 모아 집단을 구성해도 노는 개미가 20~30% 존재한다는 것을 확인했지만 그 이유는 알 수 없었다.

이 연구팀에서는 컴퓨터 시뮬레이션을 통해 전체가 모두 열심히 일하는 개미로 구성된 집단은 모두가 일제히 피로해져 움직일 수 없게 됨으로써 집단의 멸망이 빨라지지만 일하지 않는 개미가 섞여 있는 집단은 오래 존속하는 것을 확인했다. 일하는 개미가 피로해졌을 때 놀던 개미가 일을 시작하기 때문이다. 이를 통해 노는 개미의 역할이 조직의 장기적 관점에서 중요하다는 것을 알 수 있다.

기업이라는 조직에서 업무를 수행하다 보면 쉽게 지치고 과중한 업무에 시달리게 된다. 일은 끊임없이 있어서 개인이 혼자 다 처리할 수 없다. 항상 열심히 늦게까지 업무를 수행하기보다는 효율적으로 올바르게 꾸준히 하는 것이 장기적인 조직 생활에서 중요하다.

쉴 때 확실히 쉬고 업무를 할 때는 꾸준히 올바르게 하는 습관을 들이는 것이 중요하며 장기적인 안목을 가지고 이런 습관을 갖기 위해 노력해야 한다. 그리고 꾸준히 올바르게 하는 습관을 시스템화하여 손을 대지 않아도 저절로 굴러가는 업무 시스템과 환경을 만들려고 노력해야 하며, 후배 엔지니어에게 시스템을 운영하는 방법과 만드는 기술을 가르쳐야 한다.

신입 엔지니어의 경우 첫인상이 앞으로 회사 생활에 영향을 많이 주며, 이를 다시 바꾸기에는 시간과 노력이 필요하므로 첫인상을 좋게 주려고 노력해야 한다.

엔지니어로 제조업에 입사하면 직원들은 대부분 잦은 야근과 많은 직군의 사람들에게 시달리게 된다. 제조업은 거대 장치 산업으로 인간관계가 대부분 수직적이라서 경직되어 있고 답답하게 느껴지는 경우도 많다. 최근 ICT(Information & Communications Technology) 등의 발전으로 4차 산업혁명, 인공 지능 등 변화의 물결이 거세지만 제조업은 상대적으로 변화에 둔감한 편이다.

기업에서 4차 산업혁명 관련 프로젝트가 많이 진행되고 있지만 눈에 보이는 성과가 나오려면 시간이 필요하다. 현재 문제없이 운영되는 시스템에서 4차 산업혁명을 이루는 데 필요한 센서와 소프트웨어 등을 제조 라인에 적용하기에는 비용이 많이 든다. 또 운영에 문제가 생기면 바로 기업에 손실을 주므로 제조업의 변화는 느릴 뿐 아니라 보수적인 분위기가 어느 정도 있다. 이런 분위기에서 일하다 보면 엔지니어도 성향이 같아지는 경우가 많아 기업에서는 엔지니어 교육 등 제조업의 인상을 바꾸려는 시도를 많이 한다.

　엔지니어는 엔지니어 업무만 할 수밖에 없다는 생각을 버려야 한다. 엔지니어 직무로 기업의 일을 대부분 경험할 수 있으므로 엔지니어 경험을 기반으로 다양한 업무를 할 수 있다. 그래서 기업에서도 잡로테이션 등의 기회를 적극적으로 제공한다.

현실을 부정적으로 생각해서 한곳에 안주하지 말되 엔지니어 업무가 적성에 맞으면 꾸준히 수행하면 된다. 만약 맞지 않는다면 언제든 다른 업무를 찾아야 한다. 회사에서는 기회가 많으며 자신이 원하든 원하지 않든 환경은 언제라도 바뀔 수 있다.

엔지니어라는 직무가 어렵고 힘들 수 있지만 엔지니어만이 누릴 수 있는 상섬과 자신이 가진 상섬을 결합해 개인과 기업이 함께 발전하도록 노력하자. 회사 생활에 만족하고 업무를 즐길 줄 알며 꾸준히 노력하는 긍정적인 마인드로 도전하는 엔지니어가 되며, 이를 바탕으로 개인의 성장과 가정의 행복도 가꾸는 멋지고 매력적인 엔지니어가 되었으면 한다.

2장 재료 분석 방법

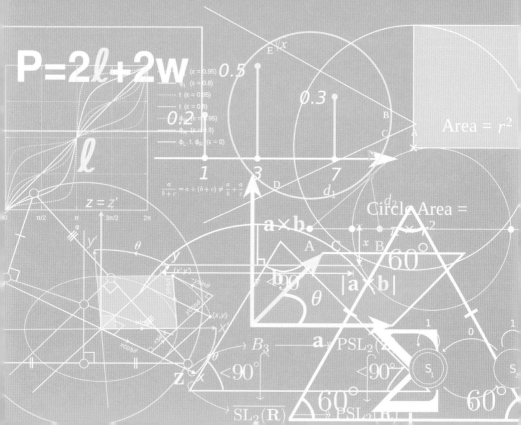

1

재료 특성 분석 방법

· 재료 건축법, X선 회절분석법 ·

X선 회절분석법 이론   🔍

  X선 회절분석법(X-Ray Diffraction, XRD)은 X선을 재료의 결정에 부딪히게 하여 그중 일부 X선을 회절해 검출함으로써 재료의 고유한 결정 구조, 입자 크기와 결함에 대한 데이터를 분석하는 비파괴 검사 방법이다. 원자 간격이 d, 평형 격자가 있는 결정에서 X선을 Θ로 주사하면 X선은 격자 안에 있는 원자에 의해 모든 방향으로 산란하며 X선 파장이 정수배로 된 X선은 간섭효과에 따라 강해지는데(보강간섭), 이를 회절 현상이고 한다. 이때 브래그 법칙의 관계가 성립한다.

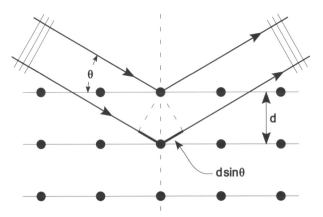

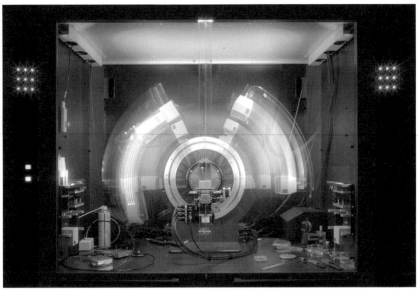

○ XRD 장비와 브래그 법칙 설명
출처: 위키피디아

　브래그 법칙(Bragg's Law)은 빛의 회절, 반사에 관한 물리법칙으로, 주기적인 구조를 가진 물질에 일정한 파장을 다양한 각도로 비춰 반사면과 광선이 이루는 각도 사이의 관계를 설명하는 법칙이다.

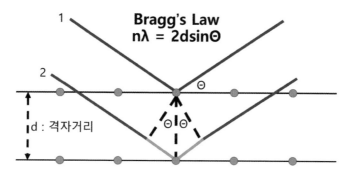

1. 입사된 두 개의 빛(1, 2번)이 격자 안에 있는 원자에 의해 산란됨, 빨간 선은 같은 길이이며, 평행함
2. 2번 빛은 추가적으로 더 이동한 거리(초록 선) – 경로차
3. Bragg's Law를 이용, 삼각함수를 통해 d(격자거리)가 계산이 가능함
4. d(격자거리)는 면간거리식을 이용해 결정의 구조 계산이 가능함

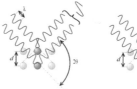

○ 브래그 법칙
출처: 위키피디아

격자에 산란된 두 빛은 Θ라는 각도를 만들어내며 삼각함수를 이용하여 격자 간 거리를 계산한 뒤 아래 격자구조의 특성을 파악해 구조를 알아낸다.

Selection rules and practical crystallography

Bragg's law, as stated above, can be used to obtain the lattice spacing of a particular cubic system through the following relation:

$$d = \frac{a}{\sqrt{h^2 + k^2 + \ell^2}},$$

where a is the lattice spacing of the cubic crystal, and h, k, and ℓ are the Miller indices of the Bragg plane. Combining this relation with Bragg's law gives:

$$\left(\frac{\lambda}{2a}\right)^2 = \left(\frac{\lambda}{2d}\right)^2 \frac{1}{h^2 + k^2 + \ell^2}$$

One can derive selection rules for the Miller indices for different cubic Bravais lattices; here, selection rules for several will be given as is.

Selection rules for the Miller indices

Bravais lattices	Example compounds	Allowed reflections	Forbidden reflections
Simple cubic	Po	Any h, k, ℓ	None
Body-centered cubic	Fe, W, Ta, Cr	$h + k + \ell$ = even	$h + k + \ell$ = odd
Face-centered cubic (FCC)	Cu, Al, Ni, NaCl, LiH, PbS	h, k, ℓ all odd or all even	h, k, ℓ mixed odd and even
Diamond FCC	Si, Ge	All odd, or all even with $h + k + \ell = 4n$	h, k, ℓ mixed odd and even, or all even with $h + k + \ell \neq 4n$
Triangular lattice	Ti, Zr, Cd, Be	ℓ even, $h + 2k \neq 3n$	$h + 2k = 3n$ for odd ℓ

○ 브래그 법칙에서 선택 규칙과 실제 결정학(Selection rules and practical crystallography)
출처: 위키피디아

브래그 법칙과 밀러지수(Miller indices, 밀러의 면간거리식)와 방정식을 풀어(λ: 일정, d: 일정) Θ값만 구하면 어떤 결정 구조인지 알 수 있다.

X선 회절분석법 장비 구성 🔍

XRD 측정 장비의 주요 부품은 X-Ray Tube(X선 발생장치), 시료 (Sample), 고니오미터(Goniometer), 모노크로메이터(Monochromator), 검출기(Detector)로 구성되어 있으며, X선을 시료에 입사하여 주사하는 각도를 변경하고 산란되어 나오는 X선을 검출해 재료 구조를 분석하는 방법이다.

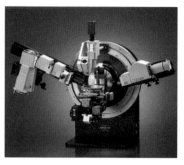 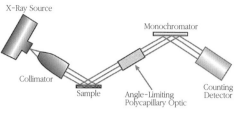

○ **BRUKER, D8 DISCOVER XRD 및 분석 개요도**
출처: BRUKER 홈페이지; https://www.energy.gov

　X-Ray Tube는 X선 발생장치로 부르며 X선을 발생시켜 시료에 주사하는 장치이다. X-Ray Tube 안에 있는 텅스텐 필라멘트의 가열된 Cathode에서 나온 전자를 가속해 Anode(Cu, Al, Mg 등)에 충돌하여 X선을 발생시킨다. Anode의 종류에 따라 고유 파장이 발생하며 X선 강도를 변경하여 Line, Spot 분석이 가능하다.

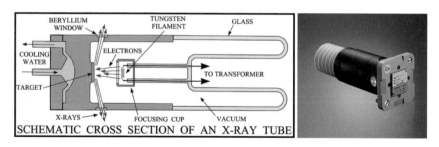

○ **X-Ray Source: 제너레이터(Generator) 구조와 Metal-ceramic sealed tube**
출처: https://www.geo.arizona.edu; BRUKER 홈페이지

시료(Sample)는 시료 전처리 또는 XRD 측정을 위해 시료를 만드는 공정으로 XRD 시료는 보통 분말(Powder) 형태로 측정한다. 분말 입도(Particle Size)는 $0.1\sim40\mu$m 크기가 적당하며 Sample stage에 시료를 올려 Glass로 평평하게 만들어 측정을 진행한다.

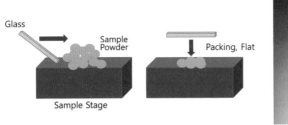 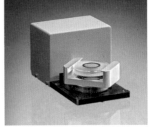

○ Sample 전처리 방법과 Sample stage-Fast sample spinner
출처: BRUKER 홈페이지

고니오미터(Goniometer)는 XRD 내부에서 각도를 측정할 수 있는 측각기로 XRD 회절 측정에서 결정의 방위를 조절하는 장치이다. 원주상을 배각 회전(Θ만큼 회전, 2Θ, 3Θ)하면서 입사 X선과 회전 X선의 각도를 읽을 수 있다.

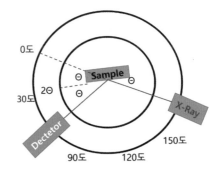

○ ATLAS™ Goniometer와 XRD 내부각도 측정 개요도

출처: BRUKER 홈페이지

　　모노크로메이터(Monochromator)는 우리말로 단색기라고 하며 넓은 범위의 파장에서 선택된 빛 또는 기타 방사선의 기계적으로 선택 가능한 좁은 대역의 파장을 전송하는 광학 장치이다. X선에 의해 시료에서 발생하는 백그라운드, 산란 X선 등을 제거하여 검출기(Detector)로 보내며 이를 통해 정밀한 데이터를 얻을 수 있다. 모노크로메이터

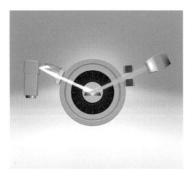
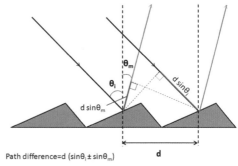

Path difference=d (sinθ$_i$ ± sinθ$_m$)

○ D8 Advance XRD 2-bounce channel-cut monochromator와 Diffraction grating

출처: BRUKER 홈페이지; 위키피디아

에서 회절격자는 Diffraction grating이라 하며 표면에 홈이 있어 홈으로 파장을 분산하거나 검출기로 보내거나 제거하며 홈이 조밀할수록 분해능이 커져 결정구조에 대해 자세히 분석할 수 있다.

검출기는 모노크로메이터에서 나온 X선을 검출하고 검출한 X선을 전기적인 펄스로 변환하며 파고분석기의 일정한 폭의 구간 내에 있는 것만 계수하는 상치를 통해 데이터를 분석하여 컴퓨터 모니

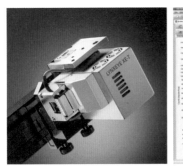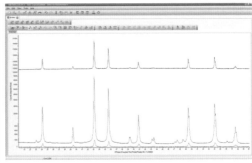

○ LYNXEYE 검출기(Detector)와 결과 출력
출처: BRUKER 홈페이지

터에 출력해준다. 구체적인 것은 X선 회절분석법 원리에 대한 유튜브 동영상을 참조하자(What is X-Ray Diffraction? https://www.youtube.com/watch?v=QHMzFUo0NL8).

X선 회절분석법 응용   Q

XRD를 통해 재료의 구조분석이 가능하다. 니켈(Ni)은 보통 FCC 구조를 가지고 있는데 BCC 구조도 가질 수 있다. XRD 분석으로 구조를 모르는 니켈을 분석하면 다양한 Peak가 확인되는데 XRD 라이브러리를 통해 니켈의 BCC/FCC에 대한 2Θ값을 비교하여 니켈의 구조를 찾을 수 있다.

이와 마찬가지로 이산화타이타늄(TiO_2)도 결정 구조에 따라 Brookite, Anatase 등으로 나뉘는데 XRD 분석으로 이산화타이타늄의 구조 또한 확인할 수 있다. 무기 재료들의 결정 구조에 대한 자세한 정보는 ICSD(Inorganic Crystal Structure Database, 무기 결정 구조 데이터)를 검색하면 다양한 재료의 결정 구조를 찾을 수 있다.

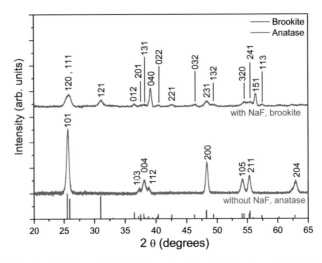

◎ X-ray Diffraction: A Powerful Technique for the Multiple-Length-Scale Structural Analysis of Nanomaterials

출처: Synthesis of Pure Brookite Nanorods in a Nonaqueous Growth Environment

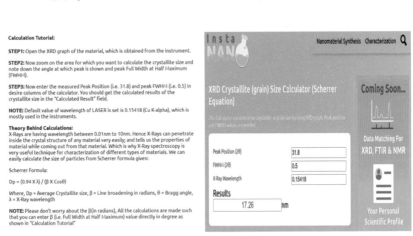

출처: https://www.instanano.com/2017/01/xrd-crystallite-size-calculator-scherrer-equation.html

XRD 결과값으로 Scherrer equation을 통해 시료의 crystallite size

를 계산할 수 있다. 자세한 내용은 앞의 그림과 사이트에 있는 계산법을 참조하자.

무기 재료들의 결정 구조는 데이터베이스화했기 때문에 XRD 분석을 시뮬레이션할 수 있다. 물론 미지의 시료는 XRD 분석으로 재료들의 결정 구조를 파악해야 하지만 화학식과 결정 구조를 어느 정도 알고 있는 재료는 Powdercell이라는 무료 소프트웨어를 이용해 XRD 시뮬레이션을 진행할 수 있다.

자세한 내용은 화공재료연구회(https://cafe.naver.com/zjqlwkd)에 XRD 시뮬레이션 교육자료가 있으니 참고하자.

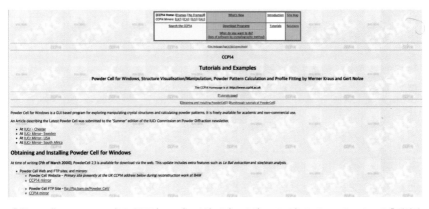

출처: http://www.cristal.org/DU-SDPD/nexus/ccp14/web/tutorial/powdcell/index.htm - Powdercell 홈페이지

• NaCl XRD 시뮬레이션 결과 via Powder cell

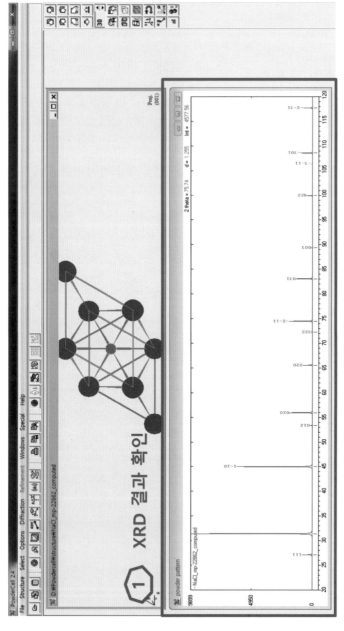

출처: Powdercell 자료, 희공재료연구회(https://cafe.naver.com/zjqlwkd)

54

요약 **X선 회절분석법**

X선 회절분석법은 X선 회절을 이용하여 재료가 가진 고유한 결정 구조, 입자 크기 및 결함에 대한 데이터를 산출하는 비파괴 분석이다. 브래그 법칙과 밀러지수를 이용해 재료의 결정 구조를 분석한다. X선을 시료에 주사하여 주사 각도를 변경시켜 산란되어 나오는 X선을 정리·검출하여 재료 구조를 분석한다.

XRD를 이용하여 재료의 결정성 및 무정형을 구분할 수 있다. 화학적 조성 비교, 결정 구조와 결정질 크기 등 재료의 다양한 구조 정보를 얻는 간단한 분석이며 분말, 고체, 박막, 나노 물질까지 분석이 가능하다. 과학의 발달로 고분해능 분석이 가능해지면서 금속, 세라믹, 고분자 등의 소재 분야와 반도체, 의학 재료 등 다양한 산업에서 사용되고 있다.

· 열받으면 변한다, 열중량분석/시차주사열량분석 ·

열중량분석법 이론 🔍

열중량분석(Thermo Gravimetric Analysis, TGA)은 주변의 기체를 통제한

환경에서 시료에 원하는 조건의 프로그램을 적용해 시료의 질량 변화를 시간이나 온도의 함수로 나타내는 분석법이다. 저울과 가열로가 결합된 단순하면서도 정밀한 장비로 구성되어 있다. 열중량분석으로 열에 따른 시료의 무게 변동을 측정하여 시료의 물리적·화학적 변화를 유추할 수 있다. 간단하면서도 가장 많이 사용하는 재료 분석 방법이다.

○ **열중량분석기(Typical TGA system)**
출처: 위키피디아

열중량분석을 진행하면 다음과 같은 그림을 많이 볼 수 있는데, 이는 온도가 높아지면서 시료의 질량 감소를 나타내는 그래프이다. 보통 100도 전후로 수분이 증발하면서 200~400도 사이의 유기물이나 고분자 물질의 열분해가 진행되고, 그 이상 온도에서는 시료의 물리적 성질에 따라 상변이 또는 열분해 등의 특성을 확인할 수 있다.

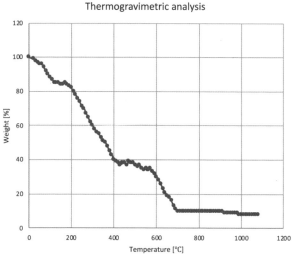

Thermogravimetric analysis

◎ 온도에 따른 시료의 중량 변화

열중량분석은 시간이나 온도에 따른 질량의 변화를 계산함으로써 반응속도를 계산할 수 있다. 무기물, 유기물, 고분자 물질의 열분해, 고체상태의 반응 등 여러 분야에 적용이 가능한 유용한 분석 방법이다.

시차주사열량분석 이론 $\quad$ Q

시차주사열량분석(Differential Scanning Calorimetry, DSC)은 열중량분석 측정과 같게 온도를 프로그램에 따라 변화시키면서 시료와 기준물질에 에너지 입력의 차를 온도의 함수로 측정하는 분석 방법이다. 대부

분 설비가 열중량분석과 동
시 분석이 가능하다. 시료에
열을 가하면 물리적 변형을
겪는데 동일한 온도를 유지
하기 위해 기준보다 많거나
적은 열을 흘려 시료의 발
열 또는 흡열 반응을 알 수
있다.

○ Differential Scanning Calorimeter
출처: 위키피디아

　시료에서 발열 반응이 발생하면 시료의 온도를 높이는 데 필요한
열량이 적을 것이며 흡열 반응의 경우 반대 상황이 나타난다. 고분자
재료의 경우 유리전이온도(Tg), 결정화온도(Tc), 용융온도(Tm)를 분석
하므로 고분자 고유의 특성을 분석할 수 있다.

　시차주사열량분석은 측정 방법에 따라 열흐름(Heat Flux) 방식과 전
력보상(Power compensation) 방식으로 측정한다. 열흐름 방식은 발열
또는 흡열을 통해 시료와 기준물질 간의 온도 차이를 열량 차이로 계
산하여 데이터를 얻는 방식으로 DTA(Differential Thermal Analysis)와 유
사하다. 전력보상 방식은 시료와 기준물질 간에 온도 차이가 발생하
면 그 온도차를 보상하기 위해 전기에너지를 공급하여 온도 차이가
항상 0이 되도록 보상되어 열량을 구하는 방식이다.

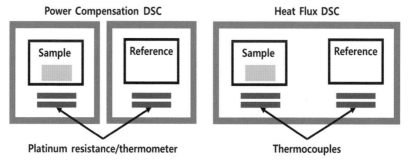

◎ 전력보상 DSC 방식과 열흐름 DSC 방식의 차이

시차주사열량분석의 열흐름 DSC 분석을 하면 발열 반응의 경우 양수(+), 흡열 반응의 경우 음수(-)로 표기한다. 이는 국제 열분석연합(ICTA) 표준에 따르며 전력보상 DSC 분석의 경우 발열 및 흡열 부호가 반대로 나타난다. 실무에서 양수, 음수만으로 발열, 흡열을 구분하는 경우가 많은데 프로그램에 따라 부호가 바뀔 수도 있으니 주의하자.

시차주사열량분석으로 재료들의 발열 특성을 분석하면서 공정 중 발생할 수 있는 안전 가이드(Safety Guide) 정보를 파악할 수 있어 재료에 열처리 공정이 있을 때 안전사고를 미리 방지하는 정보도 제공할 수 있다. 시차주사열량분석에 대한 분석법은 다양한 재료와 방법에 따라 해석이 다르므로 응용 부분에서 다시 설명하겠다.

열중량분석/시차주사열량분석 측정 방법은 장비마다 약간 다르기는 하지만 공통적으로 다음과 같다.

1. 매우 섬세한 마이크로 저울을 사용해서 무게 측정 오차를 줄이기 위해 주변 진동, 공기 영향도를 최소화하는 환경을 조성해야 한다.

2. 프로그램을 통해 시료에 가할 승온속도, 등온속도, 체류 시간을 설정한다.

3. 시료에 통과할 산소, 질소 등과 가스 유량을 조절한다. 산화 조건을 만들고 싶으면 보통 공기(air)를 넣고 환원 조건에서는 수소 등 여러 가스로 다양한 조건을 만들 수 있다.

4. TGA 무게 교정(Weight Calibration) 중량 표준물질을 사용하여 설비에 맞게 조절한다. 무게 차이를 분석하므로 교정(Calibration)이 중요하다.

5. 샘플 전처리를 위해 샘플을 적정량 투입하는 것이 중요하다. 시료에 따라 다르지만 주입 가스에 날리지 않고 연소가 잘되는 최적화된 투입량이 있으며 보통 0.5~5mg 정도 투입한다. 측정 장

비, 시료 성질에 따라 투입량이 차이가 있어 연구소나 기업에서는 분석하기 쉽게 하는 적정량을 관리하고 있다.

6. 시료를 용기에 넣어 프로그램을 시작하면서 열중량분석과 시차주사열량분석 측정을 시작한다. 무게를 정밀하게 측정하다 보니 주위 진동이나 환경에 민감하므로 측정 장비 근처에서 되도록 충격이나 소음을 줄여야 하며 장비도 안전한 장소에 설치하는 것이 중요하다.

열중량분석/시차주사열량분석 응용   🔍

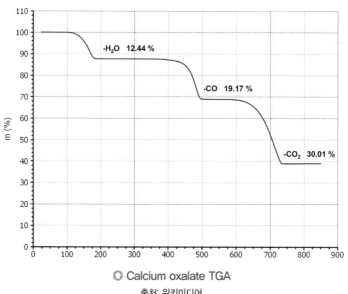

○ Calcium oxalate TGA
출처: 위키미디어

위 그래프는 옥살산 칼슘 수화물(Calcium oxalate monohydrate, $CaC_2O_4 \cdot H_2O$)의 열분해분석(TGA) 곡선이다. 100도 이상에서 수분(H_2O)이 증발하면서 무게 감소가 나타나며 450도 이상에서는 일산화탄소(CO)가 발생하면서 무게가 줄어들고 탄산칼슘($CaCO_3$)으로 시료가 변한다. 온도를 더욱 높여 650도 이상이 되면 이산화탄소(CO_2)가 발생하여 최종적으로 산화칼슘(CaO)으로 열분해가 일어나는 것을 알 수 있다. 그리고 시차주사열량분석을 같이 적용하면 무게 변화가 발생하는 지점에서 흡열·발열 곡선을 확인할 수 있으며 가스분석기를 옵션으로 추가하면 어떤 가스가 발생하는지 알 수 있다.

세륨(Cerium) 및 지르코늄(Zirconium)으로 구성된 복합 산화물 재료는 자동차 배기가스 중 매연 안에 있는 검댕(Soot)을 산화시키기 위해 사용된다. 세륨-지르코늄 복합 산화물은 산소 저장 용량(OSC: Oxygen Storage Capacity)의 특성을 가지며 이러한 특성을 보기 위해 열중량분석을 사용한다.

옆의 그림에서 검댕의 열중량분석 그래프(A)를 보면 열중량분석의 분위기 질소(N_2) 조건의 경우 온도가 올라감에 따라 무게 감소는 거의 없으나 1% 산소(O_2)/질소(N_2) 조건의 경우 검댕이 산화하면서 무게 감소가 발생하며 Air(산소가 더 많은 조건)의 경우는 검댕이 더 빠르게 무게 감소가 발생하는 것을 볼 수 있다.

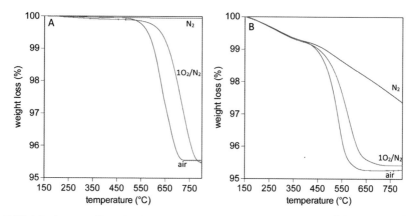

○ Weight loss profiles obtained from TGA analysis of bare soot (A) and CZL (B) under different atmospheres(air, 1% O_2 in N_2 and N_2).

출처: Potential of Ceria–Zirconia–Based Materials in Carbon Soot Oxidation for Gasoline Particulate Filters

옆의 그래프(B)는 세륨-지르코늄 복합 산화물이 존재했을 경우 검댕의 열중량분석 그래프이다. 세륨-지르코늄 복합 산화물은 산소를 저장 및 배출하는 기능이 있기 때문에 산소가 없는 질소(N_2) 조건에서도 검댕이 산화되며 무게 감소가 발생하고 산소가 있는 조건(1% O_2/N_2나 공기)에서는 빠르게 검댕을 산화하여 무게가 감소하는 것을 볼 수 있다.

이처럼 열중량분석에서 산소, 질소 등 분위기 조건을 변경하면서 재료의 특성을 파악하며 반응에 대한 메커니즘을 이해하는 데 유용한 분석 방법이다.

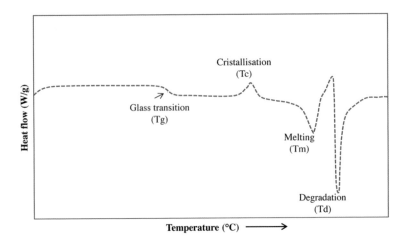

◉ Schematic representation of thermal transitions in semicrystalline material obtained from differential scanning calorimetry(DSC) thermogram

출처: Application of Differential Scanning Calorimetry(DSC) and Modulated Differential Scanning Calorimetry(MDSC) in Food and Drug Industries

시차주사열량분석으로 고분자 등 재료의 유리전이온도(Tg), 결정화온도(Tc), 용융점(Tm)을 측정할 수 있다. 그래프를 보면 Tg, Tc, Tm 순서로 측정된다. 유리전이온도(Tg)는 재료를 가열하면서 비결정부분이 녹기 시작하는 온도로 온도가 올라감에 따라 열흐름(Heat Flux)이 변화하는 부분 또는 온도가 변화하기 시작해 온도변화가 끝나는 중간값으로 측정할 수 있다. 결정화온도는 비결정부분이 녹아없어지고 결정 구조만 존재하는 구간에 존재한다. 그래프에서 결정화온도(Tc)는 발열로 나타난다. 용융점(Tm)은 유리전이온도가 나타나고 어느 특정 온도에서 흡열하게 되는데 이때 흡열 피크(Peak)를 갖는 온도를 용융점으로 분석한다.

> **요약** **열중량분석/시차주사열량분석**

열중량분석(TGA)은 온도 컨트롤 프로그램과 미세 마이크로 저울을 이용하여 열에 의해 재료의 특성을 분석하는 방법으로 다양한 재료 무기물, 유기물, 고분자 등에 적용이 가능하다. 시차주사열량분석(DSC)으로 TGA와 동일한 온도 프로그램을 적용해 물질의 흡열·발열 특성을 이용하여 재료의 특성을 분석한다. 특히 고분자 등 재료의 T_g, T_c, T_m 분석이 가능하며 무기물 분석에도 유용하다.

열중량분석/시차주사열량분석은 일반적으로 물질의 특성을 구분하는 데 가장 기본적이면서 중요한 방법이다. 보통 열중량분석/시차주사열량분석은 동시에 측정하는 장비를 사용하며 열중량분석은 TGA/DSC를 제외하고 추가로 시차열분석법(Differential Thermal Analysis, DTA), 열기계분석(Thermo Mechanical Analyzer, TMA) 등이 있어 다양한 연구 방법 응용에 사용된다.

TGA/DSC에 Mass(가스분석, 정성분석), FT-IR(정량분석) 등의 설비를 추가하여 사용하며 다른 설비와 연결성도 좋고 분석 방법도 많이 개발되어 재료의 물리적 특성 분석에 매우 유용하다.

· 재료의 속살, 주사전자현미경/에너지분산분광법 ·

주사전자현미경/에너지분산분광법 원리   🔍

 주사전자현미경(Scanning Electron Microscope, SEM)은 전자현미경의 전
자총에서 발사된 고속의 전자가 시료 표면에 충돌하면서 상호작용하
여 시료에서 전자와 같은 물질이 튀어나오는데 이를 분석하여 이미
지화하는 전자현미경의 일종이다.

 전자현미경은 광학현미경과 다르게 빛 대신 전자선을 이용하여 전
자석으로 자계를 만드는 전자렌즈로 전자선을 수렴 또는 발산해 스

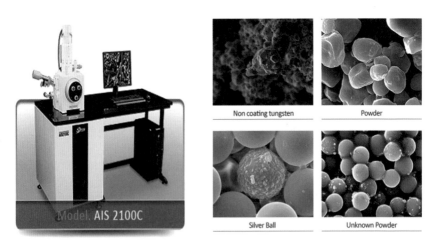

Non coating tungsten

Powder

Silver Ball

Unknown Powder

Model. AIS 2100C

◎ SEM 측정장비와 측정 사진

출처: 새론테크놀로지

캔함으로써 3차원 표면 현상과 구조를 알 수 있으며 진공 환경에서 측정한다.

주사전자현미경 안에는 전자를 공급하고 가속하는 전자총이 있는데 이 전자총에서 전자가 발사되면 Condenser lens를 통해 전자를 모으고 초점을 맞추고 조절하여 시료 표면에 충돌하게 된다. 전자가 고속으로 시료 표면에 충돌하면 2차 전자(SE, 입사 전자와 충돌하여 이탈된 전자)가 발생하며 검출기(Detector) 끝부분에 코팅된 신틸레이터(Scintillator)를 이용하여 2차 전자를 빛으로 변환한다.

빛으로 변환된 신호는 Photo-multiplier tube에서 전기적인 신호로 바뀌게 된다. 전기적인 신호를 이용하여 표면이나 구조를 디스플레이해 결과를 얻게 된다. 2차 전자 외에 후방산란전자(BSE)는 원자와 작용하여 반사되거나 후방산란이 된다. 높은 원자번호는 낮은 원자번호에 비해 전자를 더 강하게 후방산란해서 이미지에서 더 밝게 보이는데 이를 이용해 화학적 조성이 다른 영역을 감지한다.

주사전자현미경에 부착할 수 있는 기능의 하나로 에너지분산분광법(Energy Dispersive Spectrometry, EDS)이 있다. 이 장비는 시료의 성분 분석이 가능하며 시료 표면과 전자빔의 상호작용으로 방출되는 X선은 원자 구조의 특징에 따라 에너지 껍질의 차이를 분석할 수 있어 미세구조의 화학 성분을 검출하여 정성·정량적으로 분석이 가능하다.

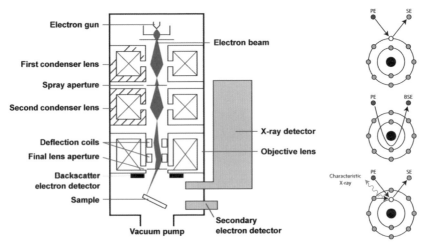

○ SEM 측정 원리 및 2차 전자, 후방산란전자
출처: 위키피디아

  보통 실무에서는 정량분석 결과는 잘 사용하지 않으며 빠르게 분석할 수 있기 때문에 EDS Mapping이라는 기법을 적용해 정성분석으로 많이 사용한다. 주사전자현미경을 측정하면 보통 에너지 분산 스펙트럼 장비를 설치해 3차원 표면의 구조와 성분에 대한 정보를 얻을 수 있다. 에너지 분산 분광법은 EDS, EDX, EDAX 등 다양한 이름으로 불린다.

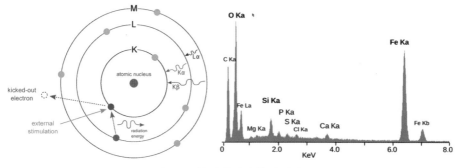

○ EDS 측정 원리와 측정 결과
출처: 위키피디아

주사전자현미경/에너지분산분광법 측정 방법 🔍

주사전자현미경과 EDS를 측정하려면 시료의 준비 또는 전처리가 필요하다. 분말 시료는 카본 양면테이프에 분말을 떨어뜨려 여분의 가루를 털어내고 사용하거나 일반 양면테이프로 분말을 고정하고 그 위에 이온코터(Ion Coater)를 이용하여 금(Gold) 또는 탄소(Carbon) 코팅을 진행한다. 이때 분말 표면을 카본 양면테이프나 이온코터를 이용해 코팅하는 이유가 있다. 즉 주사전자현미경 측정 시 관찰부의 선단과 시료가 도전 상태일 때 측정이 가능한데 전도성을 주고자 코팅으로 표면처리를 하는 것이다. 준비된 샘플을 샘플 챔버에 넣고 측정을 진행한다.

일반 제품의 시료는 고온고압(핫 마운팅) 또는 고분자 레진+경화제

○ 좌: Ion Sputter Coater, 우: SEM Sample Chamber
출처: 새론테크놀로지

(콜드 마운팅)로 시편 제작하여 연마, 클리닝 등으로 시료를 관찰할 수 있게 전처리를 진행한다. 콜드 마운팅의 경우 고분자 레진과 경화제 비율이 중요하며 보통 6 : 1에서 10 : 1 비율을 갖는다. 시료 표면의 클리닝이 어느 정도 완료되면 금 또는 카본을 코팅하여 시료 표면이 전도성을 갖게 한다.

주사전자현미경 측정 방법은 간단하다. 주사전자현미경은 진공상태로 측정되기 때문에 기계 안에는 항상 진공이 걸려 있다. 따라서 전처리된 시료를 투입할 때는 진공을 해제하고 직접 챔버에 넣거나 보조 장비를 이용해 진공상태를 약간 해제한 뒤 챔버 안에 투입한다. 챔버에 직접 시료를 넣으면 다시 진공을 잡는 데 시간이 오래 걸리고 기계 수명이 떨어질 수 있기 때문에 보통 보조 장비를 이용하여 시료를 챔버 안에 넣는다.

시료를 넣고 진공상태가 완료되면 컴퓨터 화면에 준비되었다는 표시가 나오므로 실행을 클릭하여 주사전자현미경 측정을 할 수 있다. Normal SEM의 구형 모델의 경우 직접 챔버에 시료를 넣어 측정했으나 최근에는 터보 펌프 장착으로 진공 잡는 시간이 4분 내외라서 서브 챔버가 없는 모델이 대세이다.

주사전자현미경 측정 시 보통 세 가지 조절인자가 있다.

1. Spot size: 시료에 도달하는 빔의 크기
2. Focus: 시료의 전체적인 이미지를 얻기 위해 초점을 맞추는 작업
3. Stigmator: 전자빔에 자장을 가하여 빔의 난시를 조정하는 작업

이 세 가지를 이용해 선명한 이미지를 얻을 수 있는데 최근 컴퓨터의 발전으로 자동 조절하는 프로그램이 나와 있으며 기업, 연구소마다 측정 노하우가 있다. 자동조절 후 세부조절을 해서 자신이 원하는 구조를 측정하며 측정 조건에 대한 경험도 쌓을 수 있다.

에너지분산분광법(EDS)은 EDAX system 장비를 붙여 사용하며 원

소 맵핑(mapping)을 통해 시료를 정성·정량분석할 수 있다. 조작이 간단하며 SEM/EDS 소프트웨어에 약간의 숙련도만 있으면 분석할 수 있다. 또한 SEM 측정과 동시에 에너지분산 스펙트럼 프로그램의 실행이 가능하므로 시간을 절약할 수 있다. 에너지분산분광법 분석은 빠른 분석이 장점이지만 해상도가 높지 않으며 유기물, 귀금속, 몇 가지 무기물은 측정이 불가능한 경우도 있다. 자세한 것은 주사전자현

SEM images of (a) MnO_2–(1%)Ag_2O and (b) (5%)HRG/MnO_2–(1%)Ag_2O nanocomposite.

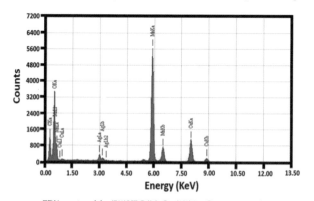

EDX spectra of the (5%)HRG/MnO_2–(1%)Ag_2O nanocomposite.

○ 망간–은 옥사이드의 SEM 이미지와 조성 분석

출처: Ag_2O Nanoparticles–Doped Manganese Immobilized on Graphene Nanocomposites for Aerial Oxidation of Secondary Alcohols

미경/에너지분산분광법 유튜브 동영상을 참조하자(https://youtu.be/-bAo5tdp0hg).

○ SEM: JEOL Neoscope Tabletop Scanning Electron
출처: https://youtu.be/-bAo5tdp0hg

주사전자현미경/에너지분산분광법 응용　　　Q

주사전자현미경을 통해 2차 전자(Secondary Electron, SE)/후방산란전자(Back Scattered Electron, BSE) 이미지 선택이 가능하다. 2차 전자를 이용한 이미지는 시료 표면에 가속 전자가 충돌하여 시료 표면 내부의 전자가 바깥으로 방출된다. 이때 방출되어 나온 전자를 분석하여 요철에 의한 정보로 시료 표면의 정보를 자세하게 확인할 수 있다.

후방산란전자를 이용한 이미지는 시료 표면에서 90도 이상의 각으로 산란하는 전자를 분석하여 물질의 차이에 따른 이미지 분석이 가능한데, 주기율표상 원자번호 차이가 클수록 분명한 차이를 확인할

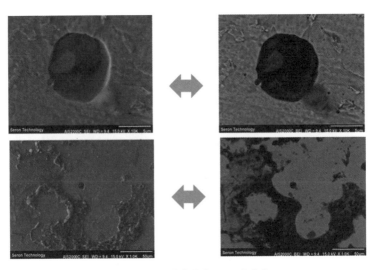

◎ SEM SE 이미지와 BSE 이미지

출처: 새론테크놀로지

수 있다. 앞의 그림과 같이 SE 이미지는 표면의 굴곡 표현에 용이한 반면 BSE 이미지는 시료의 물질 구성에 따른 명암비를 뚜렷이 알 수 있다.

주사전자현미경에서 이미지의 정확도를 높이는 방법으로 입사 전자빔이 시편의 면과 이루는 각도가 중요한데, 보통 90도로 충돌하게 되며 시편 내부에서 발생한 2차 전자들은 바깥으로 빠져나오기 어렵다. 따라서 시편을 약간 기울인 상태로 콜드 마운팅을 하거나 모서리 부분으로 시편을 전처리하면 2차 전자가 뛰쳐나올 확률이 높아져 (Edge effect) 좀 더 많은 정보를 얻을 수 있다.

에너지분산분광법을 이용하여 정성·정량분석을 할 경우 모든 원소를 정량분석하면 시간이 오래 걸리기 때문에 먼저 정성분석으로 필요한 원소를 얻은 다음 정량분석을 하는 방법이 좋다. EDS 정량분석의 정확도는 높지 않지만 빠른 분석이 가장 큰 장점이다. 시료의 정량분석은 ICP, XRF, EPMA 등으로 추가 분석이 필요할 수도 있다.

요약 주사전자현미경/에너지분산분광법

첨단 소재 분야에서 극미세 기술의 산업화로 미세구조물과 재료의 표면 형상에 대한 정보가 필요하다. 주사전자현미경(SEM)은 나노 단위의 고배율 분석을 하고 전자를 시료에 조사하여 측정하므로 피사계의 심도가 일반 현미경에 비해 깊다.

주사전자현미경은 디지털 영상을 제공하므로 다양한 분석 및 주변기기의 확장, 응용이 가능한 것이 장점이다. 가속전자를 발생하는 장치와 진공유지장치 등이 필요하며 이에 따라 기계가 복잡하고 가격이 높은 것이 단점이다. 시료의 전처리도 과정이 복잡하여 많은 시간과 비용이 들어간다.

에너지분산분광법(EDS)의 경우 Mapping을 통해 대략적인 정성분석과 빠른 분석이 장점이지만 정량분석의 정확도가 많이 부족해서 추가 분석으로 정량분석의 단점을 보완할 수 있다.

·1g 속에 축구장만 한 공간, 비표면적·

비표면적(BET) 이론   Q

  비표면적(Specific Surface Area, SSA)은 고체 또는 벌크 체적당 재료의 총표면적으로 정의된 고체의 특성으로 정의한다. 비표면적의 단위는 m^2/g 또는 m^2/kg을 주로 사용한다. 재료의 특성을 결정하는 데 사용할 수 있는 물리적 값이며, 특히 흡착, 불균일 촉매 및 표면에서의 반응에 중요하게 사용된다.

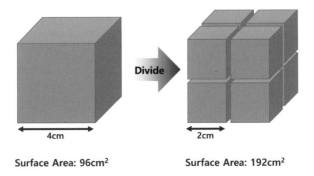

Surface Area: 96cm²   Surface Area: 192cm²

○ 고체 물질의 입자가 잘게 부서지거나 나뉘면 표면적이 증가함

  일반적으로 비표면적을 측정하는 방법 중 가장 많이 사용되는 측정 방법은 BET 측정이다. BET는 Brunauer, Emmett, Teller 세 학자가 개발한 수식을 이용하는 측정법이다. 재료에 가스를 주입하여 흡

탈착 및 압력을 이용해 비표면적을 측정한다.

비표면적은 BET 측정 방법 외에 Hg Porosimeter, Capillary Flow Porosimeter, Transmission X-Ray Microscope 등이 있으며 BET 측정이 어렵거나 시료의 성질이 다를 경우 다양한 방법으로 측정한다. 비표면적 외에 물질의 표면 특성과 성질을 측정하는 방법은 다음 표와 같다.

Measurement	Calculation methods	Notes
Surface area	BET, Langmuir, Temkin, Freundlich	Can be calculated from section of isotherm (generally P/P_0=0.05-0.35)
Total Pore Volume	Kelvin equation	Generally carried out at P/P_0 = 0.99 – 0.998 although theoretically all pores should be full at P/P_0=0.995
Mesopore volume, area, and distribution	BJH, Dollimore-Heal	Requires full adsorption and desorption isotherms
Micropore distribution	Dubinin-Radushkevich and Astakhov, Horvath-Kawazoe, Saito-Foley, Cheng-Yang, MP method	Requires full adsorption isotherm
Pore size modeling	Density Functional Theory	Requires full adsorption isotherm
Surface energy	Density Functional Theory	Requires full adsorption isotherm

◎ 고체의 다양한 표면 성질을 측정하는 분석 방법

출처: https://andyjconnelly.wordpress.com

여기서 다룰 비표면적 측정 방법은 BET이다. BET는 비표면적을 가장 일반적으로 측정하는 방법이다. BET 측정의 경우 일정한 온도에서 고체 표면에 물리적으로 흡착한 기체분자의 양과 기체의 부분

압력의 함수이다. 흡착한 기체가 다층 구조를 이룬다는 것으로 기존의 단일 흡착층을 가정한 랭뮤어(Langmuir) 이론을 보완한 것이다. 랭뮤어 이론은 단층 흡착과 같은 한정된 물리 흡착은 잘 설명하지만 다층 흡착이 일어나는 대부분 물리 흡착 시스템은 설명하지 못하는 한계가 있다.

이를 해결하고자 랭뮤어 이론에 몇 가지 간단한 가성을 추가해서 다층 흡착이 일어나는 물리 흡착 시스템을 이론적 등온선으로 나타내는 방정식을 유도했다. BET 이론에서 기체분자는 표면에 다양한 두께의 다층으로 물리 흡착이 되며 1번째 층과 n번째 층 사이의 흡착열은 다르다. 그리고 각각의 층이 정류 상태에서 형성되는 속도와 소실되는 속도는 같다는 가정이 추가되어 발전하였다.

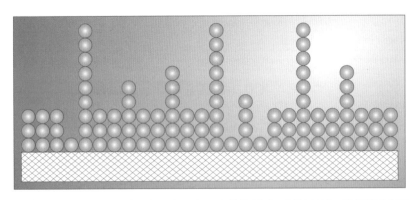

⊙ 다층 흡착의 BET 모델은 1개, 2개, 3개 등의 흡착 분자로 덮인 사이트의 무작위 분포
출처: 위키피디아

BET식은 다음과 같이 나타낸다.

$$\frac{1}{v[(p_0/p) - 1]} = \frac{c - 1}{v_m c}\left(\frac{p}{p_0}\right) + \frac{1}{v_m c}$$

여기서 p/p₀는 상대압력(Relative pressure)을 나타낸다. v는 흡착 가스 (보통 질소를 사용)의 부피를 말하며 탈착된 가스 부피에서 측정한다. v_m 은 단분자(Monolayer)층의 흡착 가스 부피를 말한다. c는 다음과 같은 식으로 나타낸다.

$$c = \text{BET } constant = \exp\left(\frac{E_1 - E_l}{RT}\right)$$

$E_1 - E_l$은 Q로도 표기하며 흡착열과 액화열의 차로 전체 흡착열을 말한다. c는 고정된 상수이다. 앞의 첫 번째 식을 Y=aX+b로 나타내면 다음과 같은 BET Plot으로 나타낼 수 있다.

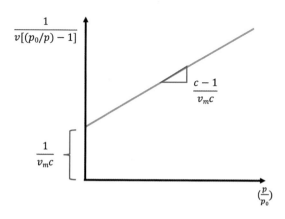

BET식에서 a는 직선의 기울기를 말하며 b는 직선의 Y절편을 뜻한다. 위의 식에서 p/p_0는 상대압력으로 입력된 값, v값, c값을 넣어 계산하면 v_m, 흡착 가스의 부피를 계산할 수 있다. BET 계산은 다음과 같다.

$$S_{total} = \frac{(v_m Ns)}{V}$$

$$S_{BET} = \frac{S_{total}}{a}$$

계산된 v_m값과 N(아보가드로수), s(흡착종의 흡착단면)의 곱을 V(흡착가스의 분자량)로 나누어 계산하면 S_{total}를 구할 수 있고 이를 시료의 무게(a)로 나누면 S_{BET}값을 최종적으로 확인할 수 있다.

상대압력(p/p_0)은 BET Plot이 선형일 때 0.05~0.35 범위를 가지지만 이는 시료의 특성과 BET Plot 모양에 따라 바뀔 수 있다. BET 결과값이 신뢰성이 있는지, BET Model이 아니라 다른 Model이 더 잘 적용되는지에 대한 척도로 c값을 들 수 있다.

전형적인 c값의 범위는 50~300이며 c값이 5 미만일 때는 Gas-Gas 친화력이 Gas-Solid의 친화력과 비슷하다. 또 특정한 흡착점이 없이 균일한 흡착률을 보이며 c값이 커질수록 Gas-Solid 간의 친화력이 Gas-Gas의 친화력보다 강해서 다양한 흡착등온곡선이 나타난다. 흡착등온곡선에 따라 p/p$_0$, Single/Multi point method 등 다양한 조건이 있으나 설명이 복잡하여 생략한다.

또한, BET를 측정하면 상관계수(Correlation coefficient)를 얻는데 이 값은 적어도 0.9999 이상이 되어야 신뢰할 수 있다. 0.9999 이상이 이론적으로 신뢰하는 값이지만 기업, 연구소 등에서 실시하는 분석 방법에 따라 0.999 이상의 값을 신뢰하는 경우도 있다.

비표면적 측정 방법 🔍

비표면적(BET) 측정 장비에 따라 차이는 있지만 측정 방법은 단순하며 일반적으로 다음 그림과 같이 측정을 진행한다.

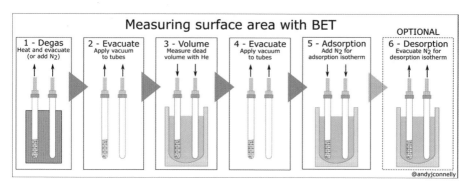

○ BET 측정 방법
출처: https://andyjconnelly.wordpress.com

Degas 단계는 BET 흡착 Isotherm 결정 전에 표면의 샘플 훼손 없이 열처리하는 과정이며 Evacuate 단계에서는 진공을 주어 가스 등을 배출한다. Volume 단계에서는 헬륨(He)가스를 넣어 Dead volume을 파악하고 흡착제의 양을 교정한다. 마지막으로 Adsorption/ Desorption 단계는 질소(N₂) 흡탈착 단계로 p/p₀ 범위, 온도 등을 고려하여 흡탈착을 진행해 BET 결과를 얻을 수 있다.

장비에 따라 BET 결과의 양식은 다르겠지만 보통 BET Surface Area, Slope, Y절편, c값, Correlation Coefficient 등의 값은 대부분 표기되지만 측정 조건과 BET 결과 등 다양한 정보를 바탕으로 분석할 필요가 있다.

다음은 비표면적이 높은 물질들이다. 1g당 수백에서 수천 제곱미터를 갖는 물질들을 비교할 수 있다.

일반적인 표면적(m²/g)	재료	애플리케이션
7140	금속-유기 프레임워크	가스 흡수
900	포자사이트	촉매
500 - 3000	활성탄	기체 및 용질 분리
200	알루미나	촉매 지지체

○ 비표면적이 높은 물질들
출처: 위키피디아

　활성탄은 비표면적이 높은 대표적인 물질로 많은 산업공정에서 사용되고 있다. 활성탄 재사용은 비용은 물론 폐기물도 줄일 수 있다. 사용한 활성탄을 재사용하려면 여러 산(염산, 질산 등)으로 세척 및 열처리를 해야 한다. 따라서 사용된 활성탄을 재사용하려면 사용하지 않은 활성탄의 비표면적이 필요한데 이때 질소 흡착 및 탈착을 이용해 BET를 측정한다.

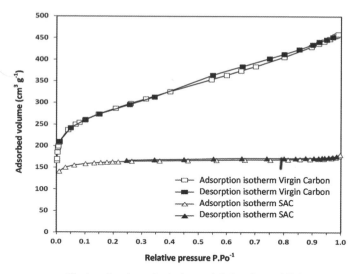

N_2 adsorption–desorption isotherms of virgin carbon and SAC.

◎ Virgin Carbon과 SAC의 N_2 흡착-탈착 등온선

출처: Reactivation Process of Activated Carbons: Effect on the Mechanical and Adsorptive Properties

측정 결과 Virgin Carbon(사용하지 않은 활성탄)과 SAC(Spent Activation Carbon, 사용한 활성탄)의 질소 흡탈착 등온선의 차이를 볼 수 있으며 BET값도 차이가 있는 것을 확인할 수 있다. 다음 그림처럼 측정한 BET 결과를 가지고 HK(Horvath, Kawazoe)와 BJH(Barrett, Joyner, Halenda) 모델을 이용하여 활성탄의 미세기공 크기와 분포를 알 수 있다.

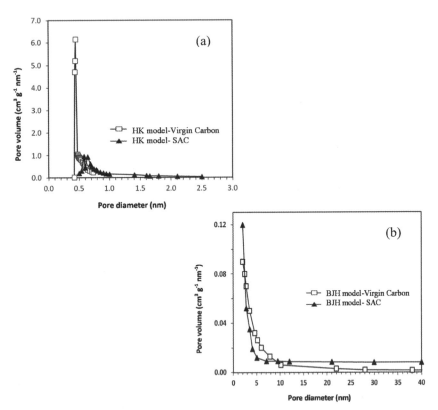

○ (a) Horvath, Kawazoe(HK) 모델 및 (b) Barrett, Joyner, Halenda (BJH) 모델을 사용하여 계산된 버진 탄소 및 SAC의 기공 직경

출처: Reactivation Process of Activated Carbons: Effect on the Mechanical and Adsorptive Properties

미세 다공성 물질인 제올라이트(Zeolite)는 높은 비표면적을 가지고 있어 흡착 및 촉매반응 등에 자주 사용되는 재료이다. 아래 그림 (a)는 일반적인 ZSM-5(Zeolite Socony Mobil-5, 제올라이트 구조)의 주사전자현미경 사진이며 그림 (b)는 메조 포러스 성질을 높여 새로 합성한 FM-ZSM-5의 주사전자현미경 사진이다.

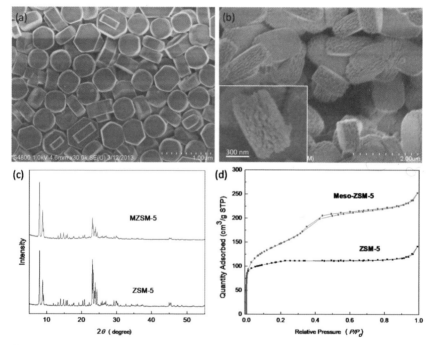

⊙ Morphology and texture properties of ZSM-5 zeolites. SEM images of HZSM-5 (a) and FM-HZSM-5 with fin-like mesoporous structure (inset is its high magnification image) (b) XRD patterns (c) and N2 sorption isotherms (d) of FM-HZSM-5 and HZSM-5 zeolites.

출처: Kraft Lignin Ethanolysis over Zeolites with Different Acidity and Pore Structures for Aromatics Production

ZSM-5와 FM-ZSM-5의 주사전자현미경 사진을 비교하면 FM-ZSM-5가 더 많은 미세 기공을 가지고 있는 것으로 확인되며 그림 (c) XRD 패턴을 분석한 결과 FM-ZSM-5는 일반적인 ZSM-5 구조로 잘 합성되었음을 확인하였다. 그러나 그림 (d) ZSM-5와 FM-ZSM-5의 BET 분석 결과, 일반적인 ZSM-5는 p/p0 〈 0.02 구간에서 높은 흡착이 발생되며 그 이후 구간에서는 별다른 흡착이 이루어지지 않지만, FM-ZSM-5는 0.02 〈 p/p0 〈 0.90에서 추가 흡착이 이루어지면서 FM-ZSM-5가 일반 ZSM-5에 비해 높은 비표면적을 가지게 된다. 위의 내용을 바탕으로 재료의 비표면적 특성을 파악하기 위해서는 p/p0의 구간을 다르게 설정하면서 재료의 흡착 거동을 비교할 필요도 있다.

요약 — 비표면적

비표면적(BET)은 고체의 체적당 표면적을 측정하는 방법으로 주로 BET 이론을 많이 적용한다. BET의 실제 측정은 비교적 간단하지만 데이터를 이해하고 생성한 데이터를 신뢰할 수 있게 다양한 방법으로 접근해야 한다. 특히 시료 측정 시 p/p0, C value, Correlation coefficient 등의 결과는 반드시 체크해야 하는데, 이를 통해 BET 결과값의 정확도와 신뢰도를 판단할 수 있다.

BET는 2차 전지 재료, 촉매, 멤브레인 등 다양한 화학 소재와 신소재의 비표면적을 측정하기 위해 많이 사용하는 방법으로 빠르고 간단한 분석이 장점이다. 따라서 BET는 재료와 소재의 물리적 흡착 특성 규명에 많이 활용되고 있다.

• 아주 작은 입자의 크기, 입도 분석기 •

입도 분석기 이론 🔍

입자는 물질을 구성하는 미세한 크기를 갖는 물리적, 화학적 성질을 띤 물질을 말한다. 입자의 물리적 특성 중 입자의 길이, 높이, 분포 등에 따라 물질의 물리적 성질이 많이 달라진다.

가령 현탁액에서 물질이 가지고 있는 입자 크기나 분포에 따라 현탁액의 점도 등의 물리적 특성이 달라지며, 이에 따라 화학제품 생산에서 가공 조건도 달라진다. 또한 촉매 등의 산업에서는 촉매를 구성하는 입자의 크기에 의해 비표면적이 달라지고, 반응 물질에 대한 흡착 성질이 달라 전환율이 다르게 나올 수도 있다.

넓은 범위의 입도 분포를 갖는 입자 현탁액은 동일한 크기(좁은 범위

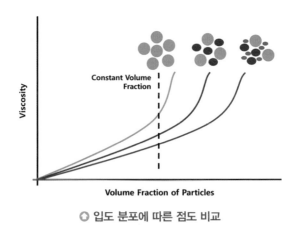

○ 입도 분포에 따른 점도 비교

의 입도 분포)의 입자 현탁액보다 더 나은 방식으로 패킹(Packing)이 될 수 있다. 개별 입자가 이동할 수 있는 넓은 입도 분포의 경우, 더 많은 여유 공간을 사용할 수 있으며 흐름성을 쉽게 가질 수 있어 점도가 더 낮다는 것을 의미한다. 따라서 현탁액의 입도 분포를 조절하면 현탁액의 점도와 안정성을 향상할 수 있다.

이처럼 재료의 특성을 조절하는 여러 가지 방법이 있는데 그중에서 입자의 크기나 분포 조절은 널리 사용하는 방법니다.

입자의 크기나 분포를 확인하기 위해 입도 분석기(Particle Size Analyzer)를 보통 사용한다. 물론 입자 하나하나의 사진을 찍어 크기를 잰 뒤에 통계를 내어 재료의 입자 크기를 분석할 수도 있지만, 너무 많은 시간과 비용이 발생하며 입자가 아주 작은 마이크로나 나노 단

○ 시브(Sieves)와 현미경
출처: 위키피디아

위에서는 육안으로 관측하기가 너무 어렵다.

고전적인 방법으로 입자의 크기를 측정하기 위해 시브(Sieve)를 이용하거나 침전(Sedimentation), 현미경법(Microscopy) 등의 방법이 있지만, 측정 오차가 크고 시간이 많이 걸린다는 단점이 있다. 따라서 최근에는 광산란법(Light Scattering)을 이용하여 빠르게 통계적으로 계산해서 입자의 크기나 분포를 측정하는 방법이 있다.

광산란법에는 레이저 회절(Laser Diffraction)을 이용한 측정법과 동적광산란(Dynamic Light Scattering)을 이용한 측정법이 있다. 레이저 회절은 주로 마이크로미터 단위를 갖는 입자를 측정하며, 동적광산란법은 나노미터 단위를 갖는 입자까지 측정이 가능하다.

여러 산업 분야에서 공정 조건에 맞는 입도를 최적화하기 위해 레

○ CILAS 레이저 회절을 이용한 입도 분석기(Particle size distribution analyzer 990)
출처: 위키미디어

이저 회절이나 동적광산란 측정 방법을 이용하여 공정에 적용하고 있다. 이 장에서는 레이저 회절을 이용한 입도 측정 방법을 다루겠다.

레이저 회절을 이용한 입자 분석에서는 입자가 레이저 빔을 통과할 때 입자의 산란되는 빛의 각도와 강도를 측정해서, 산란된 빛 데이터를 Fraunhofer & Mie Theory를 이용하여 입자 크기 정보로 변환한다.

레이저가 입자의 표면에 닿으면 입자의 가장자리에서 회절이 발생하는데, 입자가 커질수록 상대적으로 높은 강도와 낮은 각도가 발생하며, 이를 측정하면 입자의 크기를 구할 수 있다. 반대로 입자가 작을 경우, 낮은 강도와 넓은 각도가 발생하는데 작은 입자의 경우 굴절률이 입자 크기의 정확도에 많은 영향을 미친다.

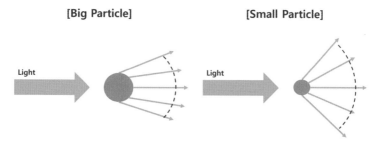

[Big Particle]　　　　　　　　[Small Particle]

Light　　　　　　　　　Light

◎ 입자 크기에 따른 레이저 회절 각도 변화

레이저 회절 입도 분석 방법 　　　Q

레이저 회절 입도 분석 방법은 간단하다. 분석하고자 하는 시료를 샘플 챔버에 넣으면 보통 자동으로 전처리가 진행된다. 시료는 습식 또는 건식으로 분석을 진행하는데, 재현성이나 시료의 분산성을 향상하기 위해서는 습식 분석 방법을 추천한다. 하지만 시료가 물에 용해되거나 반응이 일어나면 건식으로 분석해야 한다.

시료의 분산성을 향상하기 위해 초음파 처리나 첨가제 등이 추가로 들어가며, 샘플 챔버의 농도에 따라 입도 분석 결과가 달라지기 때문에 정확한 농도 범위에 들어갈 수 있게 시료 투입량을 조절할 필요가 있다. 요즘은 입도 측정 전에 자동으로 시료의 농도 범위를 맞춰 측정하는 분석 장비들이 많다.

입도 분석을 하려면 측정 조건이 필요한데, 시료를 공급하는 펌프

속도나 샘플 챔버에서 시료를 교반하는 속도 등 여러 가지 조건이 있다. 예를 들어 시료를 부유할 수 없을 정도로 교반하는 속도가 낮을 경우, 큰 입자들은 분석에 참여하지 못하여 실제보다 낮은 입도 분석 결과를 얻을 수 있다. 입도 측정의 조건은 시료의 성질에 따라 매우 다양하기 때문에 기업에서는 제품에 최적화된 입도 분석 기준을 갖고 측정을 진행한다.

레이저를 샘플 챔버에 쏘아 회절되는 빛들을 모으기 위해 렌즈가 있다. 분석하려고 하는 시료의 입도 범위에 따라 다양한 렌즈를 장착하여 입도 분석에 사용한다. 렌즈 선택을 통해 입도 분포의 정확도와 정밀도를 높일 수 있으며, 요즘은 렌즈도 자동으로 선택되어 입도 측정이 가능한 장비들이 있다.

렌즈를 통해 나온 빛은 검출기로 데이터화하여 여러 공식을 이용,

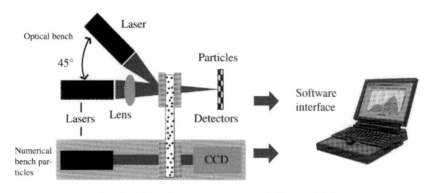

○ 입도 분석 원리(Particle size analysis principle)
출처: 위키미디어

입도 크기 정보로 변환하면 시료의 누적 입도 크기, 입도 분포 등 시료에 대한 다양한 입도 정보를 얻을 수 있다.

입도 분석 결과를 보면 보통 다음 그림과 같은 정보를 얻을 수 있다.

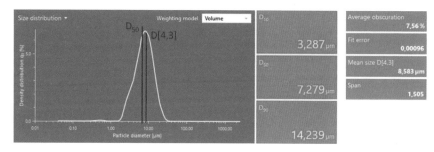

○ 입도 분석 결과
출처: 위키미디어

그래프를 통해 시료의 입도 분포에 대한 정보를 얻을 수 있으며, 옆에 D_{10}, D_{50}, D_{90}에 대한 입도 크기 정보가 있는데, 전체 시료의 10%가 3.287㎛ 이하, 전체 시료의 50%가 7.279㎛ 이하, 전체 시료의 90%가 14.239㎛ 이하인 입도 분포에 대한 정보를 나타낸다.

기업에서 분석 관련 업무를 하게 되면 입도 크기가 '몇 ㎛이다'라는 뜻은 보통 D_{50} 또는 D_{90}에 대한 입도 크기를 말하므로 입도 크기를 문의할 때, 정확한 입도 측정 조건과 누적 분포에 대한 이해가 필요하다.

입도 정보를 잘못 이해해 현업에 적용하면, 서로 이해한 입도 정보가 공정 조건에 맞지 않아 제품의 불량률이 증가하게 된다. 따라서 입도에 대한 문의나 답변 시 주의해야 하며, 입도 결과를 D_{50}, D_{90}을 사용하지 않고 Mean or Median 입도에 대한 결과를 말할 때도 있다.

입도 분석기에 대한 동영상   Q

국가연구시설장비진흥센터(NFEC) 유튜브 채널을 검색하면 장비사관학교 – 20대 핵심 장비 교육 동영상에 입도 분석기 관련 동영상이 있다. 입도 분석기 외에 분석 장비에 대한 자세하고 훌륭한 자료가 많으니 관심 있는 장비에 대한 동영상 시청을 추천한다.

국가연구시설장비진흥센터(NFEC) 유튜브 채널
https://www.youtube.com/user/nfec0925

입도 분석을 위해 사용하는 다양한 밀링(Milling) 공정을 알아보자. 분말을 분쇄하는 밀링 공정으로는 분말을 재료 그대로 분쇄하는 건식 공정과 물에 분산하여 분쇄하는 습식 공정 등이 있다.

1. 볼 밀

밀링할 모든 재료를 밀링 비드와 함께 큰 용기에 채운 다음 회전하며 분쇄하는 방식이며 건식, 습식 공정 모두 사용이 가능하다. 볼 밀 공정은 초창기 밀링 공정을 수행하는 데 많이 사용되었으며, 일반적으로 연속식이 아닌 배치 단위로 밀링이 수행된다.

볼 밀(Ball Mill)은 비교적 단순한 장치이지만, 밀링 비드의 크기에 따른 넓은 입도 분포, 오염 및 제품 손실의 위험이 있는 장치이기도 하다. 이러한 단점 때문에 최근에는 볼 밀 공정 사용이 많이 줄어드는 추세이나, 학교나 기업에서 간혹 사용하기도 한다.

2. 드라이 밀

드라이 밀(Dry Mill)은 건식 밀링이라 하며 액체 상태가 아닌 고체 상태의 재료 그대로 분쇄가 가능한 공정이다. 분말을 압축 공기와 함께 고속으로 회전시키면 분말의 입자끼리 충돌하여 분쇄되는 방법이다.

제트 밀(Jet Mill) 또는 ADM(Air Dry Mill), ACM(Air Classifier Mill) 등 공기를 이용한 밀이 있다. 공기를 이용한 밀 중 분류기(Classifier)가 장착된 장비가 있는데, 원하는 입도가 나올 때까지 큰 입자는 계속 회전시켜 분쇄하고, 작은 입자는 분류기를 통해 빠져나와 원하는 입도의 분말 제조가 가능하다.

또한 공기의 회전을 사용하지 않고 물리적인 충격으로 분말을 분쇄하는 해머 밀(Hammer Mill)도 있다.

건식 밀링 공정은 재료 그대로 분쇄하기 때문에 습식 공정에 비해 간편하다. 하지만 재료의 강도가 아주 높거나 낮으면 분쇄 효율이 저하되는 단점이 있으며, 입도 분포의 조절이 어려울 수 있다.

3. 디스크 밀

디스크 밀(Disc Mill)은 맷돌의 원리와 비슷하며 고강도 디스크와 비드를 이용해 분말을 분쇄하는 공정으로, 습식 밀링 공정의 연속 생산에 효과적인 밀링 장비이다.

분말을 물에 분산시켜 펌핑을 통해 장비에 연속적으로 공급하면 디스크 속도와 공급 펌핑 속도를 통해 분말을 습식으로 밀링하며, 디스크 속도와 공급 펌핑 속도를 조절하여 원하는 입도 또는 좁은 입도 분포를 만들 수 있다. 디스크/분말/비드에 의해 열이 발생하며, 온도를 낮추기 위해 칠러(Chiller)라는 냉각 장비가 필요하다. 디스크 외에 핀(Pin)을 사용하는 핀 밀(Pin Mill), 수평 방향이 아닌 수직 방향의 디스크 밀도 있다.

연속적으로 동일한 입도 분포를 분쇄할 수 있는 장비로 산업에서 많이 사용되며, 디스크 밀에 부가 장비를 설치해 밀링 공정의 다양한 지표들을 발굴하고 분말의 입도를 효과적으로 관리할 수 있다.

요약 입도 분석기

입도 분석기는 입자의 크기, 분포 등을 정밀하게 분석해서 재료의 특성과 물성을 파악할 수 있는 장비로 학교, 연구소 및 기업에서 많이 사용되고 있다. 식품, 제약, 화학, 도료 등 많은 산업에서 입도 분석기가 널리 활용되고 있으며, 특히 레이저 회절(Laser Diffraction)을 이용해 마이크로 단위까지 측정이 가능한 입도 분석기는 없어서는 안 될 중요한 장비이다.

최근에는 레이저 회절 방법뿐만 아니라 동적광산란(Dynamic Light Scattering) 방법을 이용해 나노 단위까지 입도와 분포 측정 및 제타 전위까지 같이 측정 가능한 장비도 있다. 또한 입자의 침전 속도까지 측정이 가능해 분산액의 분산성을 측정할 수 있는 새로운 장비도 도입되어 발전하고 있다.

고속의 카메라를 이용하여 입도를 디지털 이미지화해서 입도의 형상을 알 수 있는 모폴로지(Morphology) 데이터를 얻을 수 있다. 입자의 모양(구형, 원통형 등)과 종횡비 등 3차원 데이터를 얻어 재료의 입자 모양에 따라 크기 및 분포 분류가 가능하며, 일반적인 입도 분석에 의한 데이터보다 입자의 고유한 특성에 대해 정밀한 정보를 얻을 수 있다.

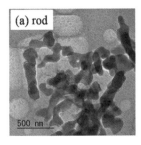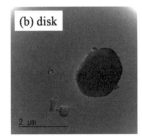

◎ (a) 막대형 알루미나 (b) 디스크형 알루미나 (c) 구형 알루미나의 입자 형태
출처: The Effect of Particle Shape on Sintering Behavior and Compressive Strength of Porous Alumina

재료의 입도와 형상에 따라 제품의 제조 공정을 제어하는 범위가 다르고 품질, 성능을 좌우하기 때문에 입도의 통계적인 분석은 매우 중요하다. 최근에는 단순히 입도의 크기나 분포만을 비교하는 것 외에 형상과 물성 데이터를 비교하고 이를 수치화하여 전산을 통해 실시간으로 관리하고 있다. 이로써 제조 공정에서 제품의 불량률을 낮추고 고품질의 제품을 생산하는 데 입도 분석기가 많이 활용되고 있다.

· 산? 염기? – pH미터 ·

pH미터 이론   Q

산(Acid)은 수용액에 녹았을 때 이온화하여 수소이온(H^+)을 내놓는 물질을 말하며 염기(Base)는 수용액에서 수산화 이온(OH^-)을 내거나 수소이온(H^+)을 흡수하는 물질을 말한다. 산은 일반적으로 신맛이 나며 수소보다 이온화 경향이 높은 금속과 반응하여 수소 기체를 발생시킨다. 염기는 쓴맛이 나고, 손에 닿으면 단백질을 녹이는 성질 때문에 미끈거리며, 산과 염기가 만나면 중화반응이 일어난다.

산-염기 반응은 수용액 반응에서 중요한 반응으로 실생활에서 많이 볼 수 있다. 산성화된 호수나 토양에 석회가루 등을 뿌려 중화하거나 벌레에 물렸을 때 암모니아수를 발라 독을 중화한다. 또한 산업에서 폐수 처리 시 산성이 높은 물은 방류하면 환경을 오염하고 수생 생태계에 악영향을 주기 때문에 중화제로 처리하여 방류한다. 이처럼 산-염기 반응은 실생활뿐만 아니라 산업에서도 많이 사용된다.

산, 염기 구분은 일반적으로 아레니우스(Arrhenius) 이론을 사용하며 브뢴스테드-로우리(Brønsted–Lowry), 루이스(Lewis)의 산과 염기 이론 또한 사용한다. 산, 염기 정의에 따라 산-염기의 중화반응 개념이 달라서 산, 염기 정의를 정확히 알면 산-염기 반응 이해를 높이는 데 도움이 된다.

화학산업에서는 pH를 측정한다. pH는 수용액의 산성과 염기성을 나타내는 척도이며 수소이온 농도의 역수의 로그값으로 계산하기 때문에 단위가 없다. 수소이온(H⁺)은 반응성이 커서 물과 결합하여 H_3O^+를 만들어 존재하며 수소이온 농도는 H_3O^+ 대신에 H^+로 표기하여 사용하지만 의미는 같다. pH는 Powder of Hydrogen에서 유래했다고 하나 무엇의 약자인지는 정확히 알려진 바가 없다.

수소이온 농도가 높을수록 pH값이 낮아지며 25도에서 pH가 7 미

◯ pH Scale
출처: 위키피디아

만이면 산성, pH가 7보다 크면 염기성으로 분류한다. pH 측정은 지시약을 분석 용액에 첨가하여 지시약 색 변화로 pH 변화를 알 수 있으며 흔히 쓰이는 것으로는 리트머스 종이, 페놀프탈레인 용액 등이 있다. 리트머스 종이는 산성에서 붉은색, 염기성에서 푸른색을 나타내며 페놀프탈레인 용액은 산성과 중성에서 무색, 염기성에서 붉은색을 나타낸다. 지시약을 사용하면 빠르게 분석해 분석 용액의 산성과 염기성을 파악하기 용이하다.

pH미터는 특정 이온에 민감한 도핑된 유리막으로 만들어진 이온선택성 유리 전극을 포함하는 지시전극과 기준전극으로 전기를 이용하여 주 전극 사이의 전압을 측정하고 해당 pH값으로 변환하여 디스플레이해준다. 최근에는 지시전극과 기준전극이 하나로 합쳐진 전극을 사용하는데, 이를 복합전극(Combined Eletrode)이라고 한다. 지시전극은 분석 용액에 넣으면 전극 막 내외에 pH에 응답하는 전위차가 생성되며, 기준전극은 전위가 일정하

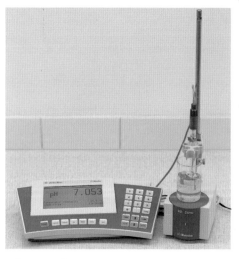

○ 781 pH/Ion Meter pH meter by Metrohm
출처: 위키피디아

여 지시전극의 발생 전위를 정
확하게 얻기 위한 기준이 되는
전극이다. 일반적으로 전위차
법을 이용하는 pH측정은 구조
가 단순하며 가격이 저렴한 장
점이 있다.

○ A silver chloride reference electrode
(left) and glass pH electrode(right)
출처: 위키피디아

일반적으로 pH미터 유리전
극의 재질이 강한 산이나 알칼
리에서는 오차가 발생하기 때
문에 pH 4.0~7.0 사이를 신뢰
구간으로 사용하며 유리를 녹
이는 불산 등은 시료로 사용할
수 없다. 그리고 pH미터의 유리전극이 특수 용도로 사용되면 무척 비
싸기 때문에 취급에 주의할 필요가 있다. pH의 유효 숫자는 소수점
두 번째 자리까지 표기되지만 첫 번째 자리까지 사용해도 무방하다.

pH미터 측정 방법 　　　　　　　　　　　　Q

pH미터 측정은 간단하다. 제조사에 따라 누르는 버튼 모양이나 이

름이 다르겠지만 측정 방법
은 대부분 비슷하다. 우선
pH미터 디스플레이에는
pH값, 온도, 슬로프(Slope)
세 가지 값이 있다.

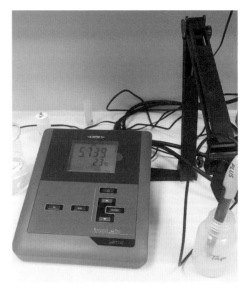

pH미터 디스플레이에서
pH값은 측정하고자 하는
시료의 용액 pH 측정 결과
를 보여준다. 그리고 pH는
온도에 따라 달라지기 때문
에 같은 온도에서 측정하는

○ 5.739 pH/Ion at 23℃ temperature shown
on photo. pH 7110 pH meter manufactured
by inoLab
출처: 위키피디아

것이 중요하다. 25도에서 순수한 물의 pH는 7.0이다. 그러나 온도가
높아질수록 물의 해리반응이 잘 일어나기 때문에 수소이온의 활동도
가 증가하여 pH가 낮아진다. 예를 들어 35도에서 물의 pH는 6.8이
다. 따라서 pH의 상대적인 비교를 할 때는 온도도 비슷하게 만들어
야 객관적인 비교가 된다.

또한 디스플레이에 Slope값이 있는데, 이는 25도에서 pH가 1단위
변화하는 경우의 mV 변화량을 말한다. 여기에는 이론값이 있으며 이
론값을 기준으로 95~105%의 범위를 설정하여 Slope값을 % 단위로

나타낸다. 이 범위를 벗어나면 pH 세척을 다시 하거나 재생이 필요하며 계속 범위를 벗어나면 pH 측정 전극을 교체해준다. 95~105%의 범위를 설정하긴 했지만 기업 내의 관리 방안에 따라 범위가 다를 수도 있다.

pH 측정 방법은 pH 측정 전극을 보관 용액에서 꺼내 물기를 닦는다. 그리고 측정하고자 하는 용액이 침전되면 마그네틱바 등을 이용해 균일하게 만든 다음 pH 측정 전극을 용액에 넣어 pH 결과값을 확인한다. pH값이 깜박이면서 값이 변하며 일정한 값으로 수렴되면 깜박임이 멈추고 최종 pH값을 디스플레이해준다. 측정이 완료되면 pH 측정 전극을 세척하여 보관 용액에 넣는다.

일반적으로 pH미터를 처음 구입하거나 측정값에 문제가 있을 때 보정(Calibration)을 하게 된다. pH 측정전극은 민감하고 주위 환경에 쉽게 상태가 변하기 때문에 측정할 때마다 보정하는 경우가 있지만 대부분 하루 한 번 또는 일주일에 한 번 주기를 정해 정기적으로 관리한다.

pH 보정은 pH=4, pH=7, pH=10의 Buffer 용액을 이용하여 pH를 측정하게 된다. 예를 들어 pH=7인 용액을 측정하였는데 pH=6.9, Slope 98.6%가 나왔으면 Slope 범위에 있으므로 전극은 정상이라는 것을 확인할 수 있다. 그리고 pH가 6.9 나오면 보정하여 pH=7로 보여준다. 이와 같이 pH=4, pH=10을 측정하면 검량선이 그려지고 pH가 측정되면 검량선에 따라 pH가 보정된 결과를 보여준다. 버퍼 (Buffer) 용액은 보통 3가지를 사용하지만 최소 2가지 이상을 사용하여 보정해야 하며 버퍼 용액을 개봉하면 외부 환경에 따라 상태가 변하기 때문에 개봉 날짜를 표기해 버퍼 용액이 변하지 않는 기간을 설정하여 관리한다.

◎ Buffer 용액, pH 4, 7, 10, −pH 보정에 사용

pH미터 동영상　　　　　　　　　　　　Q

　pH미터 측정 동영상은 'How to Use a pH Meter'나 유튜브에서 볼 수 있다. 또 메틀러 토레도(mettler toledo)사 등 pH meter 제조사 홈페이지를 방문하면 더 다양한 정보를 얻을 수 있다.

● How to Use a pH Meter
출처: https://youtu.be/PbRHWGUBDVc

pHmI터 응용   Q

pH는 화학, 제약, 환경 등 다양한 산업에서 중요한 공정 지표로 활용된다. 몇 가지 예를 들어 pH 응용에 대해 알아본다.

1. 바닷물에서 백염 제거 - 해수 담수화

바닷물에 풍부한 염소, 나트륨 이온 등의 백염(ORMUS)을 제거하기 위해 수산화나트륨을 이용하여 염(Salts)으로 배출시킨다. 스테인리스 스틸 탱크를 어선과 같은 배에 설치하고 펌프를 이용하여 바닷물을 탱크에 채운다. 탱크에 채운 바닷물은 블레이드로 교반하며 pH 조절기를 이용해 pH=10.78에 세팅한 뒤 수산화나트륨을 투입한다. 수산화나트륨에 의해 pH가 상승하면서 바닷물에서 염(Salts)이 만

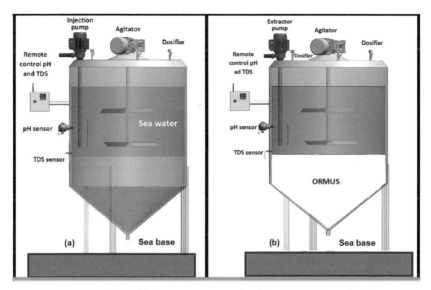

Process equipment (**a**) when seawater is injected, and (**b**) after ORMUS is produced.

◎ 원격 제어 시스템으로 해수에서 백염(ORMUS) 생산

출처: https://www.mdpi.com/2673-4591/9/1/29 Figure 1

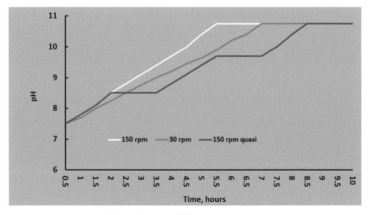

pH monitoring at different agitator speeds.

◎ 교반 속도에 따른 pH 모니터링 결과

출처: https://www.mdpi.com/2673-4591/9/1/29 Figure 2

들어지며, 이 염은 밀도가 높아 밑으로 침전되어 탱크 아래에 쌓이게 된다. 남은 바닷물을 몇 차례 반복 공정을 거쳐 염과 바닷물을 분리한다. 세팅한 pH가 가장 빠르게 도달하는 교반 속도를 최적화하여 염의 생산 효율을 높이며 바닷물 분리·담수화가 이루어진다.

2. 산성화된 토양의 아산화질소 억제 - 바이오 숯

농업을 하기 위해 토양에 비료를 뿌리면 비료에 있는 아산화질소(N_2O)가 토양을 산성화하여 농업 효율이 저하되며 산성화된 토양은 아산화질소를 배출해 지구 온난화를 일으킨다. 그래서 산성화된 토양에 있는 아산화질소를 배출하기 위해 바이오 숯(Biochar)을 이용하여 토양을 알칼리성으로 바꿔야 한다. 바이오 숯은 나무와 풀 등의 유기물질을 산소가 없는 조건에서 태워 숯으로 얻은 것으로, 흡착 성질이 높고 수용액에서 알칼리 pH를 갖기 때문에 토양 pH를 증가시켜 결국 토양의 아산화질소 방출을 억제한다.

쌀 잔류물 기반으로 제조한 바이오 숯 적용은 토양 pH에 유의미한 영향을 보여준다. 3%의 바이오 숯 적용은 바이오 숯이 없는 토양(대조군)의 pH를 13.78%까지 증가시켜 바이오 숯이 토양의 pH를 증가시키는 결과를 얻었다.

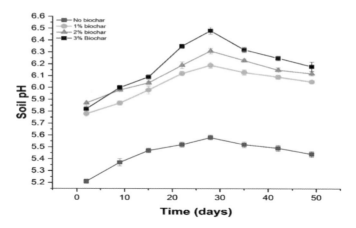

Effect of variable rates of rice residue-based biochar on soil pH. The data in the figure shows the mean of three replicates with ±S.E.

🅞 쌀 잔류물 기반 바이오 숯의 다양한 비율이 토양 pH에 미치는 영향

출처: Rice Residue–Based Biochar Mitigates N₂O Emission from Acid Red Soil Figure 1

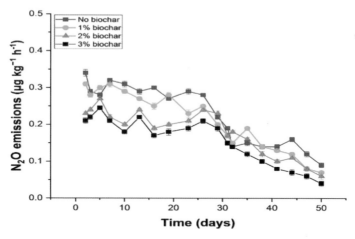

Effect of variable rates of rice residue-based biochar on soil N$_2$O emissions. The data in the figure shows the mean of three replicates with ±S.E.

🅞 쌀 잔류물 기반 바이오 숯의 다양한 비율이 토양 N₂O 배출에 미치는 영향

출처: Rice Residue–Based Biochar Mitigates N₂O Emission from Acid Red Soil Figure 51

바이오 숯 적용은 토양의 pH 상승효과 외에 아산화질소 배출에 상당한 영향을 미쳤다. 1~3% 바이오 숯 적용에서 모두 아산화질소 배출이 감소하는 것을 확인하였으며 3% 바이오 숯 적용은 토양에서 아산화질소 배출을 현저히 감소시켰다.

요약 pH미터

수소이온 농도는 물질의 산성과 알칼리성 정도를 나타내는 수치이다. 수소이온의 해리 농도를 역수의 로그를 취해 pH 단위로 나타내어 사용한다. 화학에서는 물질의 산과 염기의 강도를 나타내는 유용한 척도로 많이 사용한다.

pH 측정은 지시약의 색 변화, 리트머스 종이, pH미터 등으로 측정하며 가장 손쉽게 pH를 확인하는 방법은 리트머스 종이로 측정하는 방법이다. pH 측정을 하고자 하는 시료에 리트머스 종이를 넣어 색 변화로 대략의 pH를 측정할 수 있지만 정량적인 값으로 나타내기에는 부족하다. 수치로 정확하게 pH를 측정하는 방법은 pH미터로, 측정 방법 또한 간단하고 공정에서 실시간 측정이 가능해 대표적으로 많이 사용하는 측정 방법이다. pH미터를 주기적으로 관리하고 측정 전극만 이해한다면 간편하게 사용할 수 있다.

pH 측정은 산-염기 반응 등 화학 공정에 많이 사용되며 반도체, 시멘트, 플라스틱 등 거의 모든 화학 관련 제품 생산 과정에서 측정한다. 반응 조건의 최적화와

⊙ 리트머스 종이 사진 – 종이 색상에 따라 pH 확인

부가적 반응을 방지하는 데 pH 조절은 아주 중요하다.

전기 화학 분야의 도금이나 금속·광물의 제련, 의약·화장품·환경 등의 분야에서 pH 측정 또한 중요하다. 적절한 pH 조절은 생산 제품의 품질과 생산성 향상에 도움이 되며 인체나 환경에 피해를 주지 않지만 pH를 잘못 조절하면 제품과 환경에 악영향을 주는 경우가 많다.

·재료의 끈적임, 점도·

점도 이론   Q

액체의 점성이란 유체의 저항 또는 서로 붙어 있는 부분이 떨어지지 않으려는 성질을 말하며, 이를 물리적 단위로 표현한 것이 점도이다. 쉽게 말해 재료가 붙어 있으려는 성질을 점성, 잘 흐르려는 성질을 유동성이라 한다.

점도(Viscosity)는 기체 또는 액체가 흐르면서 발생하는 내부 마찰이나 저항을 의미하며 고체에서도 이용이 가능하다. 일반적으로 산업에서 점도를 측정하는 경우는 대부분 재료가 액체 상태일 때가 많으

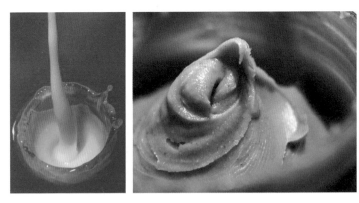

◎ 우유는 점도가 낮아 흐름성이 있고 튀는 성질이 있지만
땅콩 버터는 점도가 높아 고체 형태 유지
출처: 위키피디아

다양한 물질의 점성

대표적인 뉴턴 유체 및 일부 비뉴턴 유체의 유동적인 점성이 아래에 나열되어 있다.

선택된 기체의 점성(100 kPa), [μPa·s]

가스	0°C (273 K)	27°C (300 K)
공기	17.4	18.6
수소	8.4	9.0
헬륨		20.0
아르곤		22.9
제논	21.2	23.2
이산화 탄소		15.0
메탄		11.2
에탄		9.5

다양한 성분의 유체 점성

유체	점성 [Pa·s]	점성 [cP]
벌꿀	2-10	2,000-10,000
당밀	5-10	5,000-10,000
녹은 유리	10-1,000	10,000-1,000,000
초콜릿 시럽	10-25	10,000-25,000
녹은 초콜릿	45-130	45,000-130,000
케첩	50-100	50,000-100,000
땅콩 버터	c. 250	c. 250,000
쇼트닝	c. 250	250,000

25°C의 액체 점성

액체	점성 [Pa·s]	점성 [cP=mPa·s]
아세톤	3.06×10^{-4}	0.306
벤젠	6.04×10^{-4}	0.604
피(37°C)	$(3-4) \times 10^{-3}$	3-4
피마자 기름	0.985	985
옥수수 시럽	1.3806	1380.6
에탄올	1.074×10^{-3}	1.074
에틸렌 글라이콜	1.61×10^{-2}	16.1
글리세롤	1.2(20°C)	1200
HFO-380	2.022	2022
수은	1.526×10^{-3}	1.526
메탄올	5.44×10^{-4}	0.544
모터 오일 SAE 10(20°C)	0.065	65
모터 오일 SAE 40(20°C)	0.319	319
나이트로벤젠	1.863×10^{-3}	1.863
액체 질소 @ 77K	1.58×10^{-4}	0.158
프로판올	1.945×10^{-3}	1.945
올리브 기름	0.081	81
피치	2.3×10^{8}	2.3×10^{11}
쿼크-불임알 플라스마	5×10^{11}	5×10^{14}
황산	2.42×10^{-2}	24.2
물	8.94×10^{-4}	0.894

● 다양한 물질의 점성

출처: 위키피디아

며, 화장품, 시멘트, 오일, 가스 등 다양한 산업에서 응용되고 있다.

점도를 수학적으로는 유체가 있는 두 개의 판으로 설명할 수 있다.

유체는 판을 따라 미끄러지지 않지만 판과 잘 접촉하며, 점성은 유체

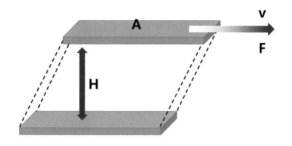

와 판 사이에 작용한다. 상판은 매우 천천히 옆으로 흐르고, 하판은 움직이지 않는다.

여기서 전단 응력(Shear Stress)은 두 판에서 상판을 움직이는 힘(F)을 판의 면적(A)으로 나눈 값을 의미한다. 단위는 힘/면적은 N/m^2으로 표시되며 파스칼(Pa)로 명명된다.

그리고 전단 속도(Shear rate)는 상판의 속도(v)를 두 판 사이의 거리(H)로 나눈 값으로, 이때 상판의 속도와 두 판 사이의 거리는 비례 관계가 있으며 그 기울기를 말한다. 다시 말해 상판의 속도(m/s)를 두 판 사이의 거리(m)로 나누면 1/s(초의 역수)이 되며, 이는 전단 속도의 단위이다.

또한 전단 변형률(Shear strain)은 전단 응력에 따라 변형되면서 나타난 변형된 각도를 말하며, 단위는 도나 라디안을 사용한다. 전단 변형률은 유체나 고체의 물리학에서 재료의 팽창과 수축에 대한 중요한 개념으로, 재료의 파손에 관한 지표로 활용할 수 있다.

뉴턴의 법칙에 따르면 전단 응력은 점도와 전단 속도의 곱을 의미한다. 다시 말해 점도는 전단 응력을 전단 속도로 나눈 값으로, 이는 뉴턴형 유체만 설명할 수 있다. 비뉴턴형 유체는 전단 속도와 전단 응력이 비례하지 않는 유체를 말하며, 아래 그림으로 설명할 수 있다.

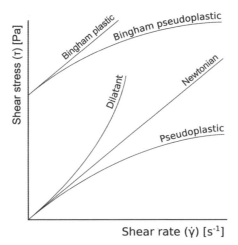

○ 전단 속도의 함수로서 전단 응력을 갖는 유체의 분류
출처: 위키피디아

비뉴턴형 유체는 뉴턴의 점도 법칙, 즉 응력과 무관하고 일정한 점도를 따르지 않는 유체이며, 점도는 힘이 가해질 때 더 많은 액체 성질 또는 더 많은 고체 성질로 변할 수 있다.

산업에서 점도를 나타내는 단위 푸아즈(Poise)는 점성의 CGS 단위로, 프랑스 학자의 이름을 땄다. 국제단위계(SI)로 환산하면 1푸아즈는 0.1파스칼·초(Pa·S)이다. 1푸아즈 단위가 통상적으로 사용하기에는 너무 큰 단위이기 때문에 보통은 센티푸아즈(cP)를 사용한다. 1cP는 0.01푸아즈이다. 간혹 국제단위계 점도로 mPa·S로도 표기하는데 이는 1cP와 같은 단위이다.

점도 측정 방법 – 브룩필드 점도계 🔍

모세관 점도계법, 회전 점도계법 등 점도를 측정하는 방법이 다양하지만, 산업에서 가장 많이 사용하는 회전 점도계, 브룩필드(Brookfield) 점도계를 소개하겠다.

브룩필드 점도계(Brookfield Viscometry)에는 스핀들(Spindle)이라 하여 아래에 원기둥 모양의 쇠뭉치가 있고 위로 가느다란 막대가 솟아 회전이 가능한 작은 장치가 있다. 시료를 특정한 용기에 담고 스핀들을 넣어 회전시키면서 발생하는 마찰저항(Torque)을 측정하여 점도를 측정한다.

브룩필드 점도계의 점도 측정 방법은 1분 이내로 빠르고 조작이 간편하여 기업에서 많이 사용한다.

스핀들 및 점도계 종류에 따라 저점도(10,000cP 이하)에서 고점도(수만~수십만cP)까지 측정이 가능하며, RPM값을 셋업하여 점도를 측정한

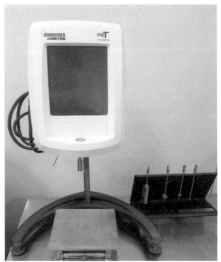

○ DV-E, DV2T 브룩필드 점도계와 스핀들 DV-E
출처: 위키미디어

다. RPM은 스핀들이 회전하는 속도인데 이를 통해 스핀들의 각속도를 계산할 수 있으며 용기의 반지름, 스핀들 쇠뭉치의 반지름 등을 이용하여 점도를 계산할 수 있다. 스핀들 종류, RPM 및 점도 측정 범위는 브룩필드 점도계를 제조하는 회사에서 정보를 제공하며 인터넷에서도 찾을 수 있다.

브룩필드 점도계를 실제 측정하면 회전할수록 점도 측정값이 계속 감소하거나 증가하는데, 최근 장비에는 어느 정도 값에 수렴되면 측정을 중지해서 수렴된 점도 측정값을 자동으로 보여주기도 한다. 이런 기능이 없으면 어느 정도 수렴된 값에 몇 초간 더 측정하여 평균

값을 계산해도 된다.

브룩필드 점도계는 용기에 시료가 담기는 높이, 용기의 반지름 등에 의해 점도 차이가 많이 발생하므로 점도 측정 조건이 항상 같아야 한다. 브룩필드 점도계의 측정값을 더욱 정밀하게 하기 위해 RPM을 10~50RPM까지 10RPM 단위로 측정해서 그래프로 나타내어 점도를 확인할 수 있다.

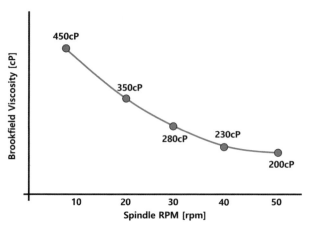

○ Spindle RPM 변화에 따른 브룩필드 점도 변화 그래프

점도 측정에 대한 동영상　　　　Q

AMETEK Brookfield 유튜브 채널

https://www.youtube.com/c/AMETEKBrookfield

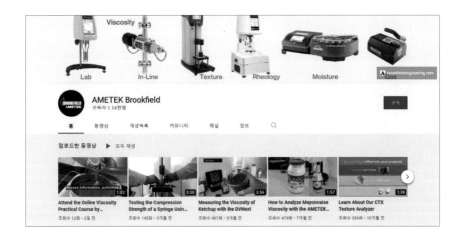

AMETEK Brookfield 유튜브 채널에 접속하면 점도 측정에 대한 다양한 자료가 있으니 여러 동영상을 참조하자.

점도 응용 🔍

1. 요변성

유체의 점도와 관련하여 요변성(틱소트로피 인덱스)을 산업에서 많이 사용한다. 요변성(Thixotropy Index, TI)이란 외력이나 환경이 변하지 않는 상태에서 흐름성을 갖지 않는 겔(Gel)이 외력이나 환경에 변화가 생기면 졸(Sol)이 되고, 외력이나 환경의 변화가 제거되면 다시 원래대로 돌아가는 성질을 말한다.

다시 말해 요변성 유체는 전단 속도가 증가하면 점도가 낮아져 평형 상태에 도달하며, 전단 속도가 감소하면 다시 원래 점도로 돌아가기 위해 점도가 증가하는 현상을 말한다. 예를 들어 페인트는 보관 중일 때는 점도가 높아 도료가 침전되지 않지만, 외력을 주면 원하는 곳에 페인트 도포를 용이하게 하도록 페인트 산업에서 요변성을 측정한다.

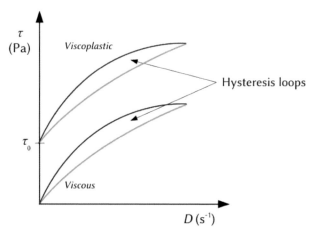

● 전단 속도의 함수로서 전단 응력을 갖는 유체의 분류
출처: 위키피디아

요변성 유체는 위의 그림과 같은 Hysteresis loops를 만들며, 내부의 면적이 넓을수록 요변성이 크다고 볼 수 있다. 브룩필드 점도계로 요변성을 간단히 측정하려면 낮은 Spindle RPM(ex. 5rpm)과 높은 Spindle RPM(ex. 50rpm)으로 설정하여,

$$\text{틱소트로피 인덱스[TI]} = \frac{\text{브룩필드 점도 @ 50 rpm}}{\text{브룩필드 점도 @ 5 rpm}}$$

으로 단순하게 계산하여 사용할 수 있다. 산업에서 요변성이 클수록 유체의 조절이 쉬워지는 측면이 있지만, 너무 높으면 오히려 유체의 조절에 악영향을 끼칠 수 있으므로 주의해야 한다. 다양한 산업에서 요변성 지수를 많이 사용하며, 유변학의 발달로 유체의 요변성을 더 효과적으로 측정하는 방법이 개발되고 있다.

2. 브룩필드 점도계를 통해 Shear rate, Shear stress 구하는 방법

브룩필드 점도계를 사용하다 보면 점도는 측정되는데 Spindle RPM으로 Shear rate와 Shear stress의 결과에 대한 의문이 생긴다. Spindle RPM으로만 Shear rate와 Shear stress 수치를 직접 알 수 없으며, Spindle 사양과 점도 측정 조건에 따라 계산할 수 있다.

계산에 대한 자세한 정보는 브룩필드 제조사의 More solutions에 대한 내용을 검색해서 5.2(Defining Operating Parameters of Various Spindle Geometries)를 보면 Spindle 종류와 측정 조건에 따른 Shear rate, Shear stress를 계산하는 방법이 있으니 참고하자.

점도

유체가 흐르는 관에서 유체의 점도는 공정에서 아주 중요하다.

유체의 점도가 많으면 관 표면에서 마찰력이 높아져 관의 내구성에 영향을 주며, 유체의 흐르는 속도가 늦어 이송에 어려움이 있다. 특히 오일을 수송하는 관에서는 오일의 점도가 높으면 희석하거나 화학적인 방법으로 낮춰서 오일이 유동성을 갖게 하여 이송한다.

이와 반대로 유체의 점도가 너무 낮으면 이송하면서 유체의 층 분리로 인해 유체의 품질이 고르지 않거나 유체의 구조 저항을 약화시키는 문제가 있다. 예를 들어 윤활유의 점도가 너무 낮으면 유막이 파괴되어 마찰면에 손상을 주며, 페인트의 경우 점도가 너무 낮으면 흘러버려 얼룩이 생기게 된다.

이처럼 유체를 다루는 산업에서는 점도 범위를 아주 중요하게 조절하고 있다.

점도를 측정하는 데 가장 간편하고 사용하기 쉬운 장비인 회전 점도계, 브룩필드 점도계가 많이 사용되고 있다. 브룩필드 점도계는 측정이 아주 빠르고 바로 결과를 얻을 수 있어 공정이나 제품의 품질 관리에 빠질 수 없는 장비이다. 최근에는 제조 공정에 바로 설치(In-Line)하여 실시간으로 점도를 측정해주는 점도계도 개발되어 있다.

점도는 전단 속도 또는 응력에 의해 측정되는데, 브룩필드 점도계를 사용하면 전단 속도나 응력에서의 한 포인트 값에서 측정된 점도만 알 수 있다. 따라서 전단 속도나 응력의 증감을 조절하려면 새로 다시 측정해야 하는 번거로움이 있으며, 측정 오차도 발생한다.

멀티 포인트에서 점도의 변화를 알아보기 위해 개발된 장비로 레오미터 (Rheometer)가 있으며, 재료의 점도뿐만 아니라 재료의 변형과 움직임을 연구하는 유변학(Rheology)이라는 과학 분야도 있다. 이는 고체, 액체, 기체 등의 재료 상태에서 2가지 이상의 복합 성질을 점도와 탄성 등 더 많은 변수를 이용해 측정하는 학문이다.

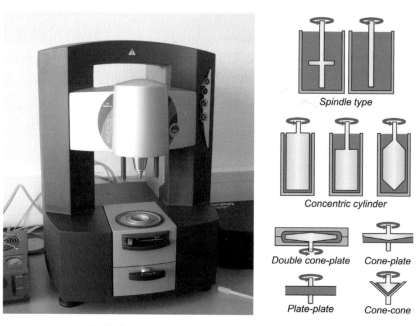

Spindle type

Concentric cylinder

Double cone-plate   Cone-plate

Plate-plate   Cone-cone

⊙ 회전식 레오미터와 다양한 유형의 전단 속도 장비
출처: 위키피디아

브룩필드 점도계에서 사용하는 스핀들 외에 콘이나 실린더 타입의 쇠뭉치 등을 이용하면, 브룩필드 점도계에서 측정이 불가능한 아주 작거나 높은 전단 속도 영역에서의 점도를 측정할 수 있으며, 일반적인 점도 외에 재료의 점탄성과 회복력 등을 측정할 수 있다.

산업에서는 재료의 물성 중 하나인 점도를 조절·관리하기 위해 많은 노력을 기울이고 있다. 브룩필드 점도계에서 레오미터까지 점도 측정을 하는데, 더욱 다양한 방법과 응용법을 가지고 재료 물성을 파악하는 연구가 활발히 진행되고 있다.

· 밀당의 비밀, 제타 포텐셜 ·

제타 포텐셜 측정 원리와 해석

제타 포텐셜(Zeta-Potential, 제타 전위)은 계면에서 떨어진 벌크 유체의 지점에 대한 슬립 평면의 위치에서 계면 이중층(Double Layer, DL)의 전위이다. 즉, 분산 매질과 분산된 입자에 부착된 고정 유체층 사이의 전위차이다. 제타 포텐셜은 콜로이드 분산액에서 전기 동력 전위로 제타(ζ) 기호로 표시하며, 단위는 볼트(V) 또는 밀리볼트(mV)를 사용

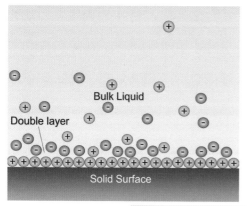

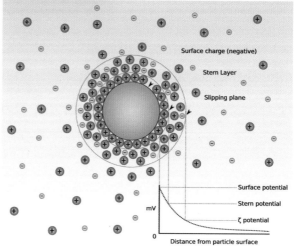

◎ Double Layer 및 Zeta Potential 설명

출처: 위키피디아

한다.

제타 포텐셜은 계면 이중층으로, 첫 번째 층은 입자 주위에 이온이

강한 경계를 이루는 영역으로 Stern layer라고 한다. 콜로이드 용액에

서 하전입자의 표면에 가장 가까운 층으로 카운터 이온으로 이루어져 있다. 카운터 이온은 입자의 전하와 반대의 전하를 갖는 이온이다. 두 번째 층은 하전입자에 약하게 결합하는 이온들이 존재하며 입자와 이온이 안정하게 존재하는 이론적 경계(Slipping plan)이다. 첫 번째, 두 번째 층을 전기 이중층(Electric Double Layer)이라고 하며 두 번째 층의 이론적 경계의 전위(포텐셜)를 제타 포텐셜이라고 한다.

더 자세한 이론으로 DLVO(Boris Derjaguin과 Lev Landau, Evert Verwey 및 Theodoor Overbeek의 이름을 따서 명명된 이론)이 있다. 이는 분산액에서 입자 사이에 작용하는 응집을 정량적으로 설명하고 액체 매질과 상호 작용하는 대전된 입자 표면 사이의 힘을 설명하는 이론이다.

제타 포텐셜은 전기영동법(Electrophoresis)을 이용하는데 전기영동은 전극 사이의 전기장하에서 용액 속의 전하가 반대 전하의 전극을 향하여 이동하는 현상으로 설명한다. 제타 포텐셜은 이런 전기영동을 이용해 분산액 속 입자가 전극으로 이동하면서 전기영동속도를 측정하고 Henry Equation을 통해 제타 포텐셜값을 계산한다. 제타 포텐셜을 계산하기 위해 추가로 유전율, 분산액의 점도, 입자의 특성 등을 대입한다.

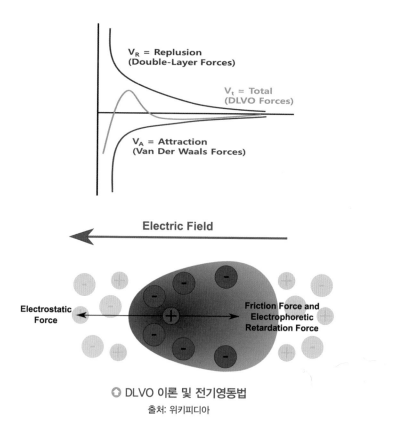

○ DLVO 이론 및 전기영동법

출처: 위키피디아

제타 포텐셜은 pH 변화에 따른 제타 포텐셜의 변화를 나타내는 그래프를 많이 사용한다. 다음 그림과 같이 Stable 영역은 제타 포텐셜 값이 +30mV 이상 또는 -30mV 이하에서는 분산 안정성이 높다고 판단하며 그 사이(-30mV~+30mV) Unstable 영역에서는 분산 안정성이 낮다고 판단한다.

30mV는 장비 공급업체나 기업, 연구소에서 보통 제시하는 수치

이며 경우에 따라 다른 수치를 가지고 판단하기도 하나 원리는 대부분 비슷하다. 그리고 제타 포텐셜의 0mV가 나타나는 점을 등전위점(IEP: Isoelectric Point)이라고 하는데, 이는 응집이나 침전이 발생하는 점으로 판단한다.

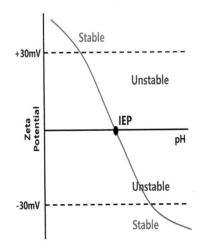

제타 전위에 따른 콜로이드의 안정성 거동

제타 전위(mV)	안정성 거동
0 ~ ±5	빠른 응고 또는 응집
±10 ~ ±30	초기 불안정성
±30 ~ ±40	적당한 안정성
±40 ~ ±60	좋은 안정성
>61	우수한 안정성

○ 제타 포텐셜 pH에 따른 분산 안정성
출처: 위키피디아

제타 포텐셜 측정 방법 🔍

제타 포텐셜의 측정 방법은 간단하다. 제타 포텐셜은 Cell이라는 작은 플라스틱으로 구성된 장비로 측정한다. 이 Cell 안에 분석하고자 하는 시료를 수용액에 분산하거나 경우에 따라 희석하여 투입하는

데, 액체의 특성(고농도 등)에 따라 다양한 Cell을 가지고 있다.

분산액이 침전하지 않을 경우 보통 투명한 플라스틱 Cell을 이용하여 제타 포텐셜을 측정하지만 분산액이 침전하면 보조설비 등이 필요하다. 보조설비는 분산액을 교반하면서 Cell 윗부분에 분산액이 공급/배출(In/Out)할 수 있게 순환시키면서 침전을 방지하며 산, 염기 등 첨가 물질을 투입하여 pH에 변화를 주어 pH에 대한 제타 포텐셜 영향도를 확인할 수 있다.

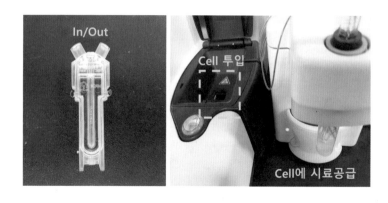

이렇게 준비된 Cell을 제타 포텐셜 장비에 투입한 뒤 전기영동을 통해 엔지니어가 세팅한 조건으로 제타 포텐셜을 측정한다.

입자의 표면 전하를 직접 측정하기가 어렵기 때문에 제타 포텐셜을 측정하여 간접적으로 입자의 특성을 파악하며 전기영동법, 동적 광산란법(DLS)을 이용하므로 측정오차가 적다. 제타 포텐셜값 측정만이 아니라 다양한 Equation 대입을 통해 입자의 물리적 정보(Size, 고분 자 분자량 등)를 계산해낼 수 있어 응용성이 좋다.

제타 포텐셜값은 재료를 액체에 분산하여 측정하는데, 이때 분산 고형분 함량이 아주 낮아야(1% 이하) 측정에 대한 신뢰성이 높아진다. 고형분 함량이 높으면 침전·응집 현상으로 제타 포텐셜값에 오류가 생긴다. 시료의 고형분이 낮은 재료의 제타 포텐셜값이 그 재료의 성 질을 대표할 수 있느냐에 의문이 제기되면서 최근 고농도 측정 가능 Cell 제품이 나왔으나 아직 개선이 필요하다.

제타 포텐셜 응용 🔍

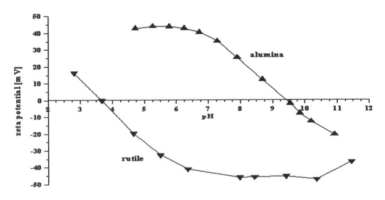

🔿 Zeta potential titrations of concentrated alumina and rutile dispersions
출처: 위키피디아

산화 알루미나(Al₂O₃)와 이산화티타늄(TiO₂, Rutile)에 대한 pH에 따른 제타 포텐셜을 비교할 수 있다. 제타 포텐셜 측정 결과 알루미나는 전반적으로 Positive 전하를 가지며 이산화티타늄은 Negative 전하를 갖는 것으로 보인다. 재료들의 제타 포텐셜을 측정하여 양이온 또는 음이온 계면활성제 투입, 분산에 따른 적정 pH 영역 등을 유추할 수 있으며 pH에 따른 제타 포텐셜 측정으로 등전위점을 확인할 수 있다.

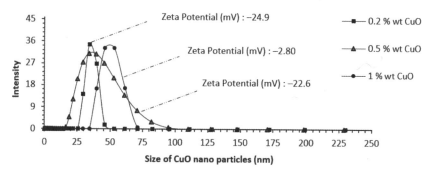

○ Zeta sizer and Zeta potential analyses for different concentrations of CuO Nano lubricant dispersed with oleic acid
출처: Investigation of the Tribological Behavior of Mineral Lubricant Using Copper Oxide Nano Additives

또한 제타 포텐셜을 이용하면 재료의 분산 특성을 예측할 수 있다. 위 그래프는 올레산(Oleic Acid, OA)에 분산된 산화구리 나노 입자의 농도에 따른 제타 포텐셜과 산화구리의 입자 크기를 측정한 결과이다. 0.2%와 0.5% 농도의 산화구리 분산액에서 입자 크기는 약 35nm 수준으로 제타 포텐셜 -20mV 이하여서 분산성이 좋지만 1.0% 산화구리 농도에서는 입자 크기가 약 50nm 수준으로 제타 포텐셜 -2.8mV로 측정된다. 이는 등전위점에 가까워 침전이 발생할 수 있으며 일정 농도 이상에서는 산화구리가 응집되어 입자 크기가 커짐을 알 수 있다.

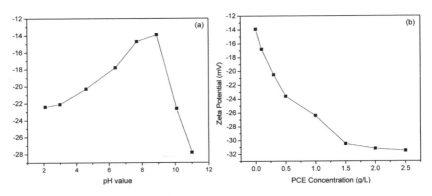

○ Effect of pH and PCE concentration on the measured zeta potentials of LBSP.
  (a) pH values (b) PCE concentration

출처: Investigation of the Behavior and Mechanism of Action of Ether-Based Polycarboxylate
     Superplasticizers Absorption on Large Bibulous Stone Powder

첨가제로 재료의 제타 포텐셜에 변화를 줄 수도 있다. 콘크리트 산업에서 폴리카르복실레이트(Polycarboxylate, PCE)는 훌륭한 감수제로 콘크리트의 워커빌리티(workability)를 개선하기 위해 사용한다. 위 그림은 LBSP라는 돌가루에 대해 pH에 따른 제타 포텐셜과 PCE 농도에 따른 제타 포텐셜을 측정한 결과이다.

LBSP는 강산성(pH=2)이나 강염기성(pH=11)에서 분산 안정성을 왼쪽 그래프에서 확인할 수 있다. 여기에 PCE를 투입하여 강산성이나 강염기 환경 없이 PCE의 농도를 가지고 LBSP의 분산 안정성을 조절할 수 있으며, 이를 제타 포텐셜을 측정해 검증할 수 있다.

또한 고분자 제타 포텐셜을 측정하면 고분자의 특성을 분석할 수 있다. 고분자의 입자 크기나 분자량을 통해 제타 포텐셜을 비교할 수 있으며 반대로 고분자의 고유 특성값(유전율, 화학식 등)을 이용하여 제타 포텐셜값을 분석함으로써 고분자의 분자량이나 입자 크기를 유추할 수 있다.

제타 포텐셜의 등전위점(Iso Electric Point, IEP)을 이용하여 폐수 정화가 가능하다. 등전위점은 제타 포텐셜값이 0인 지점 또는 Positive에서 Negative 또는 Negative에서 Positive로 변하는 지점을 말하며, 이 지점에서 폐수 안 입자의 침전과 응집이 발생한다. 폐수처리장에서는 폐수에 대한 제타 포텐셜값을 측정하여 등전위점을 찾은 다음 폐수의 pH를 조절해 1차적으로 오염물을 침전시키는 데 활용한다.

제타 포텐셜(Zeta-P)은 재료의 직접적인 표면 전하를 측정하기가 어렵기 때문에 전기영동과 동적광산란법(DLS)을 이용하여 재료의 특성을 파악하는 지표로 활용된다. 나노재료나 고분자 물질 특성 분석에 활용 가능하며 제타 포텐셜 측정값 범위(±30mv)를 통한 입자의 분산성을 파악하기에 유용하다.

제타 포텐셜 측정은 간단해서 시료 특성에 맞게 Cell을 준비하면 측정하기가 어렵지 않다. 하지만 제타 포텐셜 결과값을 해석하기 위해 재료들의 다양한 특성값을 소프트웨어에 설정해야 하거나 침전이 많이 발생하는 재료는 추가 분석이 필요할 수 있다.

제타 포텐셜의 가장 큰 단점은 재료를 액체에 분산하여 고형분 함량을 아주 낮춰야 측정이 가능하다는 것이다. 실제 재료는 고형분 함량이 제법 높아 낮은 영역에서 측정한 제타 포텐셜 측정값과 비교하려면 여러 가지 보조 측정으로 재료의 특성을 구분해야 한다.

·물 위를 걷는 방법, 표면장력·

표면장력 이론 Q

표면장력(Surface tension, ST)은 액체의 표면이 스스로 수축하여 되도록 작은 면적을 취하려는 힘의 성질로 계면장력의 일종이다. 표면장력의 예로는 소금쟁이와 같은 곤충이 물 위에서 걸을 수 있게 도와주는 것이 있다. 분자 사이에 작용하는 힘에 따라 분자가 서로 접촉하여 응축하려고 하며, 그 결과 표면적이 작고 둥근 모양이 되려고 한다. 물방울이나 비눗방울이 둥글게 되는 것 또한 예로 들 수 있다.

○ 물 위에 있는 소금쟁이와 풀잎 위의 물방울
출처: 위키피디아

표면에 있는 분자는 내부에 있는 것과 달리 비대칭적 환경에 있다. 표면의 위쪽(Phase 1)에는 아래쪽(Phase 2)으로부터의 분자 간 인력을 상쇄할 만한 인력이 없다. 따라서 중간적 거리(Interface)에서 작용하는 분자 간 인력이 표면 분자를 내부로 끌어들여 단거리 반발력과 인력이 균형을 이루게 함으로써 평형 위치에 이르게 한다.

　일정한 온도와 압력에서 표면적을 증가시키려면 가역적인 일을 하면서 계의 자유 에너지가 증가해야 하며 자유 에너지를 감소시키려면 표면이 수축하거나 팽창을 억제하면서 관측된 현상이 표면장력으로 나타나야 한다.

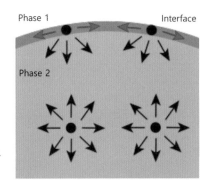

$$\sigma = \left(\frac{\delta G}{\delta A}\right)_{T,p}$$

표면장력(σ)은 온도(T)와 장력(p)에서 바뀌지 않는 상태에 있는 기브스 자유 에너지(G)에 대한 면적(A)의 편미분이다.

기브스 자유 에너지의 단위는 에너지 단위이다. 반면 표면장력의 단위는 에너지/면적이다.

◐ 표면장력의 열역학적 정의와 액체와 계면에서의 표면장력 그림
출처: 위키피디아

　액체에서 표면장력은 다음 두 가지 장력의 합으로 나타난다. 하나는 극성 부분의 표면장력으로 극성-극성 인터랙션 등이며 다른 하나는 반데르발스 힘에 관계된 분산 부분의 표면장력이다.

　표면장력은 모세관 현상으로도 확인할 수 있다. 수은은 물보다 표

면장력이 6배 정도 크다. 물이 있는 수조에 유리로 만든 모세관을 꽂으면 물은 표면장력에 의해 모세관을 따라 상승하며 모세관 내에 있는 수면 높이는 수조의 수면 높이보다 높다.

그러나 물보다 표면장력이 큰 수은은 수은이 있는 수조의 수은 표면 높이보다 낮다. 그 이유는 모세관 유리와 접촉되는 분자들 간의 응집력보다 수은 분자들 간의 응집력이 더 크기 때문이다.

그리고 모세관 끝부분 물의 모양은 오목한 모습(아래로 처진)으로 물분자 간의 응집력보다는 모세관 유리 표면과 응집력이 높다는 것을 알 수 있다. 수은의 경우 모세관 끝부분의 모양이 볼록한 모습(위로 솟은)으로 수은 원자 간의 응집력이 크다는 것을 알 수 있다.

표면장력의 특성으로 온도가 올라가면 액체의 표면장력이 작아진다. 온도가 올라가면 분자의 운동에너지가 수축을 일으키는 힘을 능

Surface Tension of Liquids
$$\sigma = \sigma_P + \sigma_D$$

σ_P = **Polar part of surface tension**
Dipole-dipole interaction
Hydrogen bonding
Lewis acid-base interaction

σ_D = **Disperse parts of surface tension**
Van der waals interaction

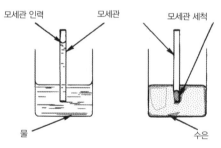

모세관 인력   모세관   모세관 세척

물   수은

◎ 액체에서 표면장력과 물 · 수은에서 모세관 현상 차이
출처: 위키피디아

가하기 때문이다. 표면장력은 물질의 화학적 구조와 관계가 있으며 용액, 용질의 종류와 농도에 따라 달라진다. 일반적으로 용액의 농도가 높아지면 표면장력은 작아진다.

표면장력 측정 방법 🔍

드누이 링 측정법(Du Nouy Ring Method)은 사용의 편리성과 양호한 정밀성으로 가장 널리 사용되는 방법이다. 링 측정법(Ring Method)에서 링(Ring)의 재질은 백금(Platinum) 혹은 백금-이리듐(Platinum-Iridium)으로 만드는데, 물질의 표면 에너지값이 매우 높아 어떤 액체와도 젖음성이 월등하며 정확한 표면장력 측정이 가능하다. 링이 얇아 아주 유연하므로 약간의 힘으로도 쉽게 구부러져 취급에 주의가 필요하다.

측정 방법은 링을 액체 시료 아래로 천천히 내리면서 접촉한 뒤 다

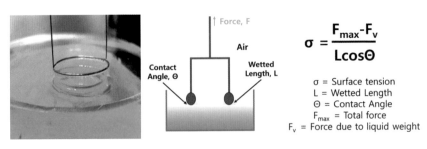

◎ Du Nouy Ring과 Harkins & Jordan equation
출처: 위키피디아

시 서서히 위로 당김에 따라 접촉각은 줄어들게 되고 최고 힘(F_max)에 도달하면 접촉각은 0도가 된다. 시료를 측정하면서 나온 힘과 길이를 Harkins & Jordan equation에 대입하면 표면장력의 값을 얻게 된다.

빌헬미 플레이트 측정법(Wilhelmy Plate Method)은 빌헬미 플레이트(Wilhelmy Plate)를 사용하여 표면장력을 측정한다. 플레이트(Plate)는 백금(Platinum)을 사용하지만 편의성을 위해 직사각형 모양의 일회용 특수유리를 사용하여 측정하기도 한다.

측정 방법은 드누이 링 측정법과 비슷하며 접촉되는 액체의 길이와 측정된 힘으로 표면장력을 계산한다. 접촉되는 액체 부분이 바로 수면과 일치하므로 보정할 필요가 없고 또 링 측정법과 달리 표면장력의 증감에 따라 변화된 값을 표면을 변화하지 않고 지속적으로 측

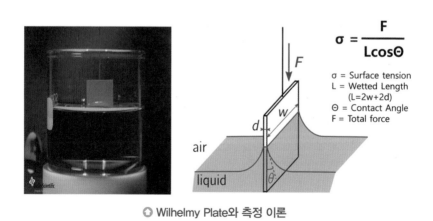

$$\sigma = \frac{F}{L \cos \Theta}$$

σ = Surface tension
L = Wetted Length
  (L=2w+2d)
Θ = Contact Angle
F = Total force

◐ Wilhelmy Plate와 측정 이론
출처: 위키피디아

정할 수 있지만 정밀도는 높지 않다. 10mN/m 이하에서는 링 방식
선호된다.

위의 두 가지가 액체의 표면장력을 측정하는 방법이며 고체의 표
면장력은 접촉각 측정기로 측정한다. 접촉각 측정기로 시료 위에 물
방울을 떨어뜨려 고성능 카메라로 시료(고체), 물방울(액체), 공기(기체)
의 세 계면이 겹치는 접촉선에서 각도를 재는 방법으로 측정한다.

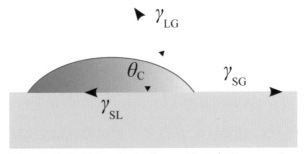

Schematic of a liquid drop showing the quantities in the Young equation.

A water drop on a lotus leaf surface showing contact angles of approximately 147°.

A contact angle goniometer is used to measure the contact angle.

○ 접촉각 측정기와 측정 이론

출처: 위키피디아

고체의 표면장력 이론은 Young equation이며 측정에는 사용되지 않으나 고체의 표면장력 이해에 도움이 된다. 접촉각 측정기로 각도를 측정하며 90도를 기준으로 90도 이상이면 소수성, 90도 이하이면 친수성, 150도 이상이면 초소수성이라고 한다. 기준 각도는 시료의 성질이나 연구소·대학에서 내부적으로 사용하는 기준에 따라 변경될 수 있다.

표면장력 응용 🔍

세제와 비누를 개선하기 위해 매일 새로운 계면활성제가 만들어진다. 옷, 딱딱한 표면 또는 신체를 청소하는 데 도움이 되는 다양한 세제는 올바른 젖음성을 얻기 위해 표면장력에 의존한다. 잉크와 도료 분야에서 정적 표면장력과 동적 표면장력을 조절함으로써 잉크가 충분히 빨리 건조되어 너무 많이 흐르지 않도록 한다. 이는 화장품산업에서도 광범위하게 사용된다. 각질층 또는 피부의 더 깊은 층에 흡수될 수 있는 계면활성제를 사용해 습윤성과 표면장력을 개선한다.

화학산업의 파이프 안에서 유체가 흐르는데 표면장력이 높으면 마찰로 파이프 관 마모가 발생하므로 표면장력을 낮춰 마찰을 줄임으로써 파이프 관의 수명을 늘리고 사고를 방지하는 데 응용한다.

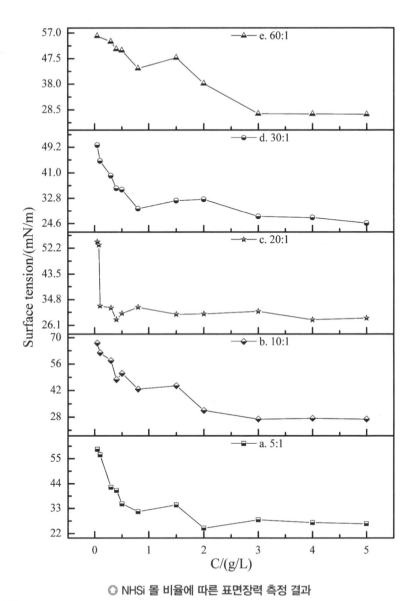

○ NHSi 몰 비율에 따른 표면장력 측정 결과

출처: The Synthesis of Nonionic Hyperbranched Organosilicone Surfactant and Characterization of ItsWetting Ability

다음은 하이드록시기(OH, 친수기)와 에폭시(Epoxy, 소수기)의 몰비에 따라 제조된 NHSi(Nonionic Hyperbranched surfactant)의 수용액 표면장력을 측정한 결과이다. OH와 Epoxy의 비율이 30 : 1(d)에서 가장 낮은 표면장력을 갖는 결과이다. 계면활성제 중 습윤제를 제조하는 경우, 친수기 부분과 소수기 부분 몰 비율을 조절하여 표면장력이 최저인 제품을 만드는 데 표면장력 측정에 대한 응용이 가능하다.

고체 표면장력의 응용을 알아보자. 폴리프로필렌(PP)에 소수성 실리카 나노 파티클(SNPs)을 코팅하여 표면에 대한 접촉각(Contact Angle, CA)을 측정하였다. 그 결과 175.4도로 소수성 표면을 갖는 것으로 확인되었다. 또한 미끄러짐각(Sliding Angle, SA)은 표면을 기울여 고체 표면에 있는 물방울이 움직일 때 각도를 측정해 표면 거칠기에 대한 중

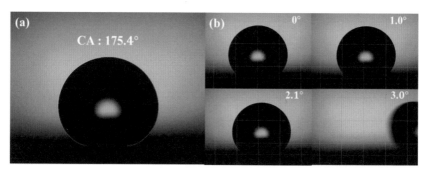

Wettability results of the fabricated PP/SNPs coated films for (a) CA and (b) SA.

○ 실리카 나노 파티클/폴리프로필렌 표면의 접촉각과 미끄러짐각 측정

출처: Robust Superhydrophobic Surface on Polypropylene with Thick Hydrophobic Silica Nanoparticle-Coated Films Prepared by Facile Compression Molding

요한 정보를 나타낸다.

보통 미끄러짐각 10도 이하를 기준으로 표면이 거칠어 소수성 표면으로 보는데, 다음 실리카 나노 파티클/폴리프로필렌 표면은 3도 수준으로 접촉각 측정 결과와 같이 소수성 표면을 나타내는 것을 확인할 수 있다.

극소수성 성질(Super Hydrophobic)을 이용해 재료에 코팅하여 물이 닿아도 젖지 않는 표면을 만드는 데 사용한다. 유튜브 동영상을 참조하자(The Official Ultra-Ever Dry Video-Superhydrophobic coating-Repels almost any liquid! https://youtu.be/IPM8OR6W6WE).

요약 | 표면장력

표면장력(ST)은 액체의 표면이 스스로 수축하여 되도록 작은 면적을 취하려는 힘의 성질을 말하며 계면장력의 일종이다. 표면장력 측정은 드누이 링 측정법(Du Nouy Ring Method)이나 빌헬미 플레이트 측정법(Wilhelmy Plate Method)을 주로 사용하며 매우 낮은 표면장력을 측정하지 않는 이상 Wilhelmy plate 방법을 가장 유용하게 사용한다. 드누이 링 측정법의 링(Ring) 측정기구는 매우 잘 구부러져 부주의하면 측정 편차가 크므로 아주 작은 정밀도를 요구하거나 정적·동적 표면장력을 사용할 때 추천한다.

고체의 표면장력 측정은 접촉각 측정기가 가장 많이 사용되며 기준 각도에 따라 친수성, 소수성을 구분한다. 고체의 표면장력을 측정하려면 물방울이 측정하고자 하는 표면에 흡수되지 않아야 하며, 물방울이 몇 초간 유지되어야 측정이 가능하므로 시료 전처리나 선택이 중요하다.

표면장력은 다양하며 세제, 화장품, 도료 등 각종 화학산업에 많이 사용된다. 최근에는 극소수성 표면 또는 극친수성 표면 개발에도 많이 활용하고 있다.

2
재료의 정성·정량분석 방법

· 미량 물질까지 분석하는 가스 크로마토그래피 ·

가스 크로마토그래피 이론 🔍

가스(기체) 크로마토그래피(Gas Chromatography, GC)는 기체를 이동상으로 하여 두 가지 이상의 성분으로 된 물질을 분리하는 기법이다. 가스 크로마토그래피는 분해 없이 기화될 수 있는 화합물을 분리하고 분석하는 데 사용되는 일반적 유형의 크로마토그래피이다. 일반적으로 가스 크로마토그래피를 사용해 특정 화합물의 순도를 테스트하거나 혼합물 성분을 분리하여 각 성분의 상대량을 확인할 수 있다.

다음 그림은 가스 크로마토그래피의 분석 구조이다. 시료를 운반하기 위한 이동상으로서 기체를 활용, 주입된 시료가 높은 온도에서 기화하여 컬럼(Column)을 거쳐 검출기(Detector)에서 크로마토그램으로 분리됨으로써 기록부(Recorder)에서 확인할 수 있다.

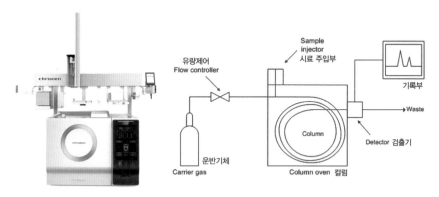

◯ ChroZen GC - 영인크로매스, 가스 크로마토그래피 시스템

출처: 영인크로매스; 위키피디아

가스 크로마토그래피의 구성과 측정 원리   Q

  가스 크로마토그래피(GC)의 주요 구성은 운반기체, 유량제어, 시료 주입, 컬럼, 검출기로 나뉜다.

  운반기체는 시료 주입구의 높은 온도에서 기화된 시료를 분리관으로 이동시키는 기체로 순도가 높은 비활성기체인 질소(N), 헬륨(He), 수소(H), 아르곤(Ar)을 사용하며, 검출기 종류에 따라 달라진다.

  운반기체에서 수분, 산소 등을 제거하기 위해 가스 정제기-Gas

purification(Moisture trap, Hydrocarbon 및 Oxygen trap)을 설치하여 분석의 정확성을 증대하고 기계의 수명 단축을 방지한다. 또한 레귤레이터 (Regulator)가 설치되어 일정한 압력으로 운반기체의 유량제어를 가능 하게 한다.

○ YL Zeor Air Generator – 영인크로매스 및 레귤레이터
출처: 영인크로매스; 위키미디어

운반기체의 유량제어는 측정에서 분석 결과에 영향을 준다. 운반기 체와 선속도의 관계는 Van Deemeter Equation을 따르는데 다음 그

림과 같다.

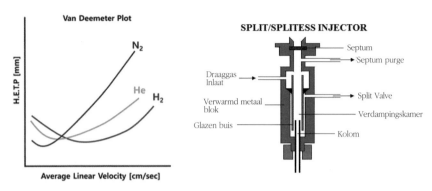

◎ 운반기체에 따른 Van Deemeter Plot과 시료 주입 인젝터
출처: 위키미디어

 위의 곡선에서 가장 낮은 점은 가장 높은 컬럼 효율에 도달하는 기체의 속도로 수소가 가장 빠른 운반기체이지만 공기 중 농도가 4% 이상이면 폭발할 위험성이 있다. 질소는 속도가 느리지만 좁은 온도 범위에서 휘발성이 높은 성분을 분석하는 데 유용하다.

 시료 주입은 시료를 기화해서 컬럼으로 이동시키는 부분으로, 사용하고자 하는 컬럼의 종류나 시료 상태에 따라 선택적으로 사용한다. 시료가 운반기체에 확산하는 것을 최소화하기 위해 기화 과정은 빠르게 수행하면서 짙은 농도로 이동시켜야 한다. 일반적으로 200~250℃ 정도로 설정해 사용한다.

 가스 크로마토그래피에서 컬럼의 혼합 성분을 각각의 단일 성분으로 분리하는 곳은 분리관으로, 시료 성분들을 효과적으로 분리하려면 시료와 컬럼 내 고정상의 화학적 친화력을 고려해 컬럼을 선정해야 한다. 컬럼의 내경과 분리능을 고려하여 Packed Column과 Capillary Column으로 구분한다.

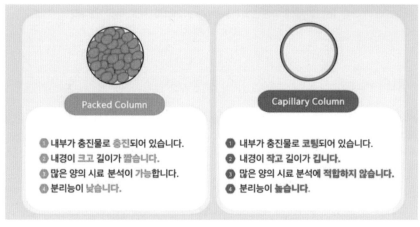

Packed Column
① 내부가 충진물로 충진되어 있습니다.
② 내경이 크고 길이가 짧습니다.
③ 많은 양의 시료 분석이 가능합니다.
④ 분리능이 낮습니다.

Capillary Column
① 내부가 충진물로 코팅되어 있습니다.
② 내경이 작고 길이가 깁니다.
③ 많은 양의 시료 분석에 적합하지 않습니다.
④ 분리능이 높습니다.

○ Capillary Column
출처: 위키피디아와 GC Column 비교; 영인크로매스

Packed Column은 내경이 크고 길이가 짧으며 시료 처리 용량이 많지만 분리능이 낮다. Capillary Column은 내경이 작고 길이가 길며 시료 처리 용량이 적지만 분리능이 뛰어나며, 길이가 길어질수록 주

입할 수 있는 시료의 양도 적어진다.

컬럼은 고정상 종류에 따라 분류하면 GSC(Gas Solid Chromatography)와 GLC(Gas Liquid Chromatography)가 있다. GSC는 실온에서 무기 가스나 낮은 분자량의 탄화수소를 흡착하여 분리하는 데 사용하며 다공성 담체로는 Silica gel, Zeolite가 있다. GLC는 고체 지지체에 액상 충진제를 입힌 구조로 고정상과 분석 대상 물질의 분배에 따라 분리하는 일반적인 컬럼의 구조이다. GC 컬럼 선택 가이드로 유뷰트 동영상을 참조하자(영인크로매스 GC 컬럼선택가이드 – https://youtu.be/07B6TQXpd0c).

GC에서 검출기(Detector)는 컬럼에서 분리된 단일 화합물을 검출해 전기적 신호로 변화시키는 부분이며, 그 종류는 다음과 같다.

Types of the detectors	
TCD	Thermal conductivity Detector
FID	Flame Ionization Detector
ECD	Electron Capture Detector
FPD	Flame Photometric Detector
NPD	Nitrogen Phosphorus Detector

○ GC Detector의 종류와 펄스형 불꽃광도 GC검출기(FID)
출처: 영인크로매스

TCD는 열전도도 검출기 정유 및 석유화학 공정(천연가스, 정제가스 등) 분석에 사용되며, FID는 불꽃 이온화 검출기로 정유, 화학(Aromatics 등), 식품, 환경 등의 분석에 유용하다. ECD는 전자 포획 검출기 환경(농약, 할로겐 화합물 등), 식품 및 향 분석에 사용되며 NPD는 질소인 검출기 N, P 포함 유기화합물 분석에 사용된다.

가스 크로마토그래피 응용　　　　　　　　　Q

다음은 피아노(Fiano, 이탈리아 지명) 와인을 체리나무통과 철제탱크에 담은 후 발효시켰을 때 와인에 있는 VOC(Volatile Organic Compounds)를 가스 크로마토그래피, 질량분석기(MS)를 이용해 체리 나무통에 있는 와인이 더 수준 높은 VOC로 와인의 다른 향미를 생성한다는 연구결과로, 이는 식품 분석에 유용하게 사용된다.

연구에서 가스 크로마토그래피로 아닐린(Aniline)과 디에틸아민(Diethylamine)을 측정한 결과이다. 운반기체는 헬륨을 이용했으며 그 밖의 조건은 뒤의 Analytical Condition을 참조하자. 아닐린은 디에틸아민보다 분자량이 높고 아닐린 구조에 벤젠고리가 포함되어 두 물질의 끓는점 차이가 크다. 아래 왼쪽 조건으로 온도를 조절하면 디에틸아민이 먼저 나오고 280도 승온하는 과정에서 아닐린이 검출된다.

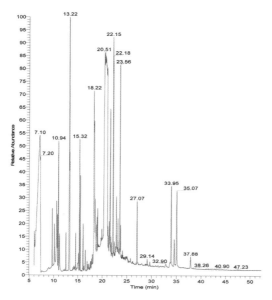

GC-MS/QqQ chromatogram in TIC mode of real wine sample fermented in cherry barrel.
For experimental conditions, see text. For peak list, see Table 4.

VOC levels (μg mL^{-1}; n.d.: not detected) determined in white wine samples fermented in cherry barrel and steel tank. The determinations were performed by means of direct injection followed by GC-MS/QqQ.

Compound	t_r (min)	Fiano White Wine (μg mL^{-1})	
		Cherry Barrel	Steel Tank
Ethyl acetate	9.68	4.08	1.94
Isobutanol	10.58	8.40	3.76
Acetic acid	10.74	3.24	n.d.
Ammonium acetate	10.94	11.27	2.43
Diglycerol	11.17	45.06	n.d.
1-Hydroxypropan-2-one	12.54	2.02	0.28
Isoamyl alcohol	13.24	25.87	20.76
Pentanol	13.29	7.28	5.42
1-Heptene-4-ol	14.17	0.35	0.12
Dioxirane	14.40	0.26	n.d.
Propylene glycol	14.54	2.10	1.75
Ethyl lactate	15.14	1.52	1.22
2,3-Butanediol	15.32	8.59	7.21
1,3-Butanediol	15.50	5.67	4.38
Furan-2-carbaldehyde (or Furfural)	16.07	3.38	0.47
Hexanol	16.22	0.25	0.19
2-Furanmethanol	16.53	2.13	0.10
Lactic acid	16.96	0.19	0.06

◐ 와인을 체리나무통과 철제탱크에서 발표했을 때 GC-MS 유기물 분석

출처: Fast and Reliable Multiresidue Analysis of Aromas in Wine by Means of Gas Chromatography Coupled with Triple Quadrupole Mass Spectrometry

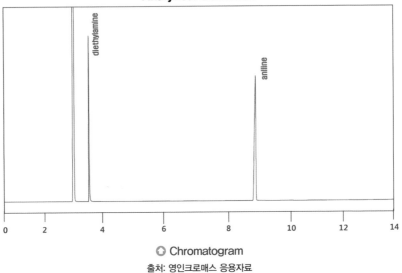

YL 6500 Series GC

Sample : aniline [$C_6H_5NH_2$] / diethylamine[$CH_3CH_2NHCH_2CH_3$] 1 % each

Carrier gas : He 1 ml/min (SP 300:1)

Injector : 300 ℃

Oven : 50℃ (5 min) -> 25 ℃/min -> 280 ℃(5 min)

Detector : FID 300 ℃

Column : DB-5ms (30 m × 0.25 mm × 0.25 um)

Analytical Condition

◐ Chromatogram

출처: 영인크로매스 응용자료

요약　가스 크로마토그래피

가스 크로마토그래피(GC)는 운반기체, 유량제어, 시료 주입부, 컬럼, 검출기로

구성되어 있으며 정유, 화학, 식품, 환경 등 다양한 사업에서 사용 또는 생산하는

유기화합물의 단일 성분을 분리하여 검출할 때 사용된다. 시료에 따라 또는 분리도를 올리기 위해 운반기체, 유량, 시료·컬럼, 검출기 선택이 중요하며 구성도 달라진다. 기기분석에서 분석오차, 검출한계(LOD), 정량한계(LOQ) 등을 고려하여 분석 결과의 신뢰성을 높이고 객관적인 데이터를 수집하는 것도 중요하다.

가스 크로마토그래피는 간편하고 신속하게 분석이 가능하며 정성분석에 유리한 장점이 있으나 시료가 휘발성이 있어야 하며, 정량분석이 면적으로 계산되지만 분석 피크를 깨끗하게 분리하려면 검출 감도를 높이거나 GC-MS 등 추가 설비가 필요하다.

· 미량 물질까지 분석하는 액체 크로마토그래피 ·

액체 크로마토그래피 이론 🔍

액체 크로마토그래피(Liquid Chromatography, LC)는 가스 크로마토그래피에 적용하기 곤란한 비휘발성 물질들을 고정상과 액체 이동상 사이의 물리 화학적 반응성의 차이를 이용해 분리하여 분석하는 방법으로 정성·정량분석이 가능하다. 액체 크로마토그래피의 분석 모식도는 다음 그림과 같으며 분석 시료를 용매와 혼합하여 컬럼에 주입한다. 주입한 시료는 정성·정량분석을 하여 결과를 나타낸다.

액체 크로마토그래피에서 더욱 발전된 고성능 액체 크로마토그래피-HPLC(High Performance Liquid Chromatography)는 최신 기기의 LC를 말하며 HPLC에서 P는 압력, 즉 Pressure라는 뜻도 있다. 최근에는 LC, HPLC 모두 통용해서 사용하지만 대부분 LC는 HPLC로 사용한다.

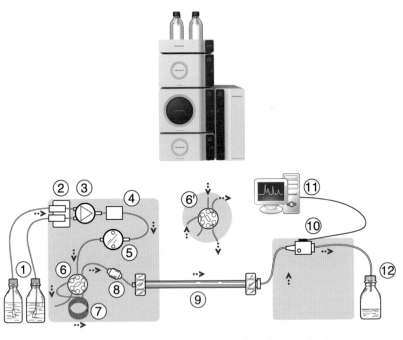

○ ChroZen HPLC System - 영인크로매스 및 HPLC 설비도
① 용매 저장소 ② 용매 탈기 장치 ③ 밸브 ④ 이동상 전달을 위한 혼합 용기 ⑤ 고압 펌프 ⑥ 전환 밸브 ⑥ 스위칭 밸브 ⑦ 샘플 주입 루프 ⑧ 보호 컬럼 ⑨ 분석 컬럼 ⑩ 감지기 ⑪ 데이터 수집 ⑫ 폐기물 또는 분취
출처: 영인크로매스; 위키피디아

　액체 크로마토그래피는 기본적으로 용매, 펌프, 주입, 컬럼, 검출로 구성되어 있으며 비교적 간단한 측정 방법으로 정량·정성분석을 할 수 있는 장비이다.

　용매(Solvent) 단계에서는 분리하고자 하는 시료를 녹일 수 있는 물질을 사용한다. 점도가 낮은 것이 유리하며 이동상(용매)은 고정상에 영향을 미치면 안 된다. HPLC 측정 시 이동상 용매는 정확한 정량·정성분석을 위해 매우 높은 등급-Grade(HPLC grade)를 사용해야 한다. 액체 크로마토그래피에서 용매 선택은 중요하며 순수한 용매일 수도 있고 혼합 용매일 수도 있다. 인터넷 사이트에서 HPLC solvent table을 검색하면 다양한 적용 방법을 확인할 수 있다.

　용매 단계에서는 탈기(Degassing)를 하는데, 이로써 용매 안에 있는 공기나 기포를 제거하여 기계의 수명 단축을 방지하고 실험 결과의 정밀도를 높일 수 있다.

　펌프(Pump) 단계에서는 용매를 시료 주입기로 밀어주는 역할을 하며 일정한 유속과 압력을 유지하고 일정한 조성의 용매를 밀어주는 단계이다. 실험 중 용매의 조성이 변경되지 않아야 하며 내구성도 갖춰야 한다. 시료를 밀어주는 방법으로 바이너리(Binary), 쿼터너리

(Quartnary) 방법이 사용된다.

주입(Injection) 단계에서는 분석하고자 하는 용매를 컬럼으로 보내며 수동주입(Manual Injector), 자동주입샘플(Auto Sampler Injector)이 있다.

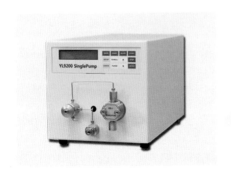 

○ YL9200 공정용 펌프, ChroZen HPLC Autosampler
출처: 영인크로매스

컬럼(Column) 단계에서는 주입된 용매와 시료를 물리화학적 차이를 이용하여 단일 성분으로 분리한다. 모양은 원통형 관이며 관의 재질로는 스테인리스 스틸이나 유리와 같이 화학반응에 안정한 물질을 사용한다. 컬럼 안에는 고체 지지체를 충진제로 사용하는데 고체 지지체를 통해 이동상 용매와의 친화력 차이 등으로 물질을 분리한다. 고체 지지체로는 비활성의 넓은 표면적을 갖는 다공성 실리카 겔 (Silica gel)이나 고분자(Polymer) 등을 사용한다. 컬럼의 길이가 길고 내경이 작을수록, 충진제의 크기가 작을수록 분리 효율이 좋으나 분석

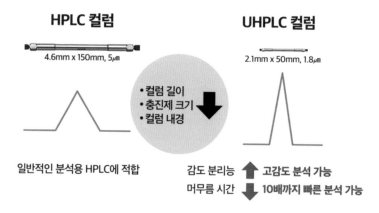

◎ HPLC, UHPLC 컬럼 비교, ChroZen UHPLC System
출처: 영인크로매스(https://youtu.be/MlQsOlYxwD0)

시간은 오래 걸린다.

컬럼은 순상(Normal) 또는 역상(Reverse) 크로마토그래피로 분류한다. 순상 크로마토그래피는 고정상이 극성인 물질로 이루어져 핵산과 같은 비극성 용매를 사용하며, 비극성 용매로 시작하여 극성 용매의 비율을 높여주면서 분리하는 방법이다. 액체 크로마토그래피에서 주로 사용하는 역상 크로마토그래피는 고정상은 비극성으로 물과 같은 극성 용매를 시작으로 비극성 이동상의 조성을 높여주며 분리한다.

검출(Detector) 단계에서는 컬럼에 따라 분리된 성분들을 감지하여 분석한다. 검출기로 요구되는 특성은 감도, 선택성, 재현성, 조작성 등이 있으며 정확한 분석 결과를 얻기 위해 감도와 선택성은 상황에 따라 한쪽을 우선 선택해야 하는 경우도 있다. 검출의 종류와 분석 방식은 다음 테이블을 참고하자.

종류	분석방식	감도
UV detector	셀에 UV를 통과시켜 흡광도를 통한 물질 분석 파장에 따라 UV 혹은 UV-vis(가시광선영역까지)로 나눌 수 있음 한번에 여러 개 파장을 볼 수도 있음 UV 또는 가시광선을 흡수하는 발색단이 있어야 함	높음
Fluorescence Detector	셀에 특정파장의 빛을 조사했을 때 형광을 띠는 샘플의 검출 형광특성이 있는 물질만을 검출하는 특이성 형광특성이 없는 경우 검출이 안 됨	매우 높음
RI detector	기준셀에 이동상을 채우고 샘플셀에 샘플이 지나갈 경우 굴절률의 차이에 따른 검출 발색단이 없어도 굴절률이 차이 나면 검출이 가능	낮음
PDA detector (DAD)	광원으로 UV~vis를 사용하는 것은 UV detector와 같으나 검출 시 전 파장을 한번에 검출하는 것이 특징 초기 method development나 순도 체크, 물질 특정 등의 장점을 가짐	높음
MS detector	디텍터 부분에 Mass spectrometer를 연결하여 물질의 분자량을 확인하여 검출. 정성·정량에 매우 효과적인 디텍터	매우 높음

○ 검출기 종류와 분석 방식
출처: 위키피디아

HPLC는 컬럼을 채우는 고정상의 충진제, 장치의 개선, 고속·고성능 분리가 가능해진 크로마토그래피로 흐름에 대한 저항이 높아져 용액을 고압으로 보낼 필요가 있다. 분석 속도가 LC에 비해 빠르다는 것이 장점이다.

최신 LC는 대부분 HPLC이며 분자량이 큰 물질 분석도 가능하다. GC가 LC에 비해 신속했으나 HPLC가 생기면서 신속·정확한 방법으로 점차 사용이 늘고 있다(분석속도: GC > LC, 분리 능력·응용범위: GC < LC).

액체 크로마토그래피 응용   Q

페놀(Phenol)은 인간과 산업의 활동으로 발생하는 부산물로 환경을 오염하고 인간의 건강에 악영향을 미친다. 따라서 페놀을 산화아연(ZnO) 나노 로드를 이용하여 광촉매 분해를 평가하기 위해 고성능 액체 크로마토그래피를 사용하였다.

다음 그래프 (a)는 100도 및 350도로 어닐링(Annealing)된 산화아연과 산화아연이 없는 조건에서 광촉매 분해 후 고성능 액체 크로마토그래피를 이용해 페놀 피크를 분석한 결과이며, 그래프 (b)는 같은 조건에서 광촉매분해를 한 결과이다.

조건과 상관없이 광촉매분해 후 4.66분에서 페놀 피크가 머무는 시간을 측정할 수 있었으나 어닐링된 산화아연의 온도 조건에 따라 상이한 페놀 흡착 농도를 확인할 수 있다. 즉 350도 어닐링되면서 발생하는 표면결함에 의해 산화아연 나노로드의 페놀 광촉매분해 성능이 있다는 것을 보여주었다.

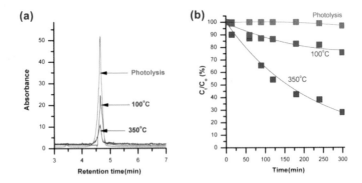

(a) High performance liquid chromatography (HPLC) chromatograms representing the phenol peak at retention time 4.66 min after 300 min of photocatalytic degradation with and without the ZnO nanorods; (b) Visible light photocatalytic degradation kinetics of phenol (initial concentration: 10 ppm) with and without the ZnO nanorods having different surface defect densities.

출처: Controlled Defects of Zinc Oxide Nanorods for Efficient Visible Light Photocatalytic Degradation of Phenol

다음은 화장품 성분을 분석하기 위해 고성능 액체 크로마토그래피를 이용한 결과이다. 이 분석 조건으로 화장품 성분에 다양한 유기물이 있다는 것을 확인할 수 있다.

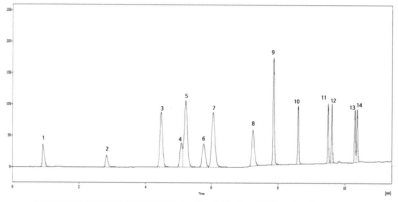

ChroZen UHPLC System

Sample : Preservative 13 Mix. + IS (Internal Standard)
Mobile phase : Gradient
A : 1% Phosphoric acid in 10% ACN
B : 1% Phosphoric acid in 70% ACN
Flow rate : 0.5 mL/min
Column : HSS C18 (2.1 x 100 mm, 1.8 μm)
Detector : UV/Vis, 220 nm
Column temp. : 30 ℃
Injection volumn: 1.0μL

Time	A(%)	B(%)
Initial	92	8
6	88	12
9	35	65
12	0	100
12.5	92	8

1. Acetaminophen 2. benzyl alcohol 3. 1-Phenoxyethanol 4. Sorbic acid 5. benzoic acid
6. Methylparaben 7. Chlorphenesin 8. DHA ; Dehydroacetic Acid 9. salicylic acid 10. Ethylparaben
11. Isopropylparaben 12. Propyl 4-hydroxybenzoate 13. Isobutylparaben 14. Butyl 4-hydroxybenzoate

◉ 화장품 HPLC 분석결과
출처: 영인크로매스로

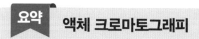 액체 크로마토그래피

액체 크로마토그래피(LC)는 가스 크로마토그래피(GC)에 비해 분석 속도는 상

대적으로 느리지만 사용성과 분리 능력이 좋으며 응용 범위가 넓다는 장점이 있

다. 특히 HPLC는 LC와 GC의 장점을 모두 가지고 있어 현재 점점 많이 사용하는 추세이다.

액체 크로마토그래피의 경우 분석하려는 물질의 특성에 따라 용매, 컬럼을 선택해야 하며 다양한 검출기를 이용해 정량·정성분석이 가능하다. 고정상과 이동상이 다양해서 시료 분리가 용이하며 혼합시료 대부분이 분리가 가능하므로 가스 크로마토그래피에 비해 활용성이 높은 것이 장점이다.

· 문화재 보존 과학 X선 형광분석기 ·

X선 형광분석 이론 🔍

X선 형광분석기(X-Ray Fluorescence, XRF)는 X선 발생장치에서 가속된 전자를 시료에 조사하면 각 원소의 안쪽 껍질에 존재하는 전자는 들뜬 상태, 즉 불안정한 상태가 된다. 이를 안정화하기 위해 바깥 껍질에 있는 전자가 안쪽 껍질을 채우고 에너지를 방출하면서 X선의 고유한 에너지와 파장을 알 수 있는데, 이를 통해 정성·정량분석을 하는 장치로 비파괴검사가 가능한 분석법이다.

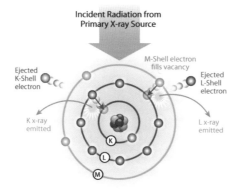

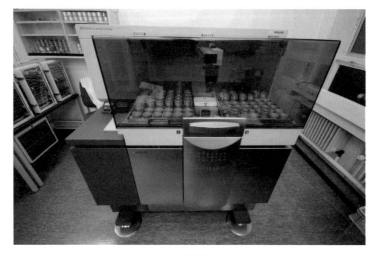

◐ XRF 장비와 원리

출처: https://openei.org

 X선 형광분석기 측정 장비는 파장분산형(Wavelength Dispersive, WD)

과 에너지분산형(Energy Dispersive, ED) 두 종류가 있다.

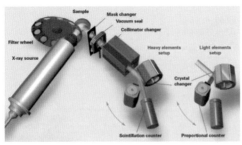

WD-XRF

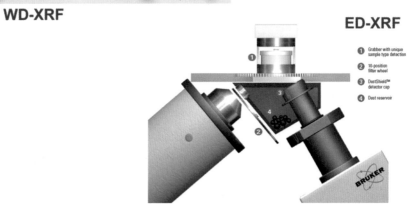

● WD-XRF(S8 TIGER), ED-XRF(S2 PUMA)
출처: BRUKER

WD-XRF는 2차 엑스선을 다양한 필터를 통해 크리스털(Crystal)로 보낸 뒤 브래그 법칙과 고니오미터(Goniometer)를 적용하여 파장을 분리함으로써 원소를 분석하는 방법이다. ED-XRF는 2차 X선을 검출기가 다양한 에너지 형태로 분리하여 나타내는 방식으로 분류한다. WD-XRF와 ED-XRF의 차이를 보면 다음과 같다.

ED-XRF는 피크 중첩현상이 일어나지만 크리스털에서 파장이 분리되는 WD-XRF의 경우 분해능이 좋아 정성·정량분석 신뢰성이 더 높다는 장점이 있지만 추가 광학요소(Bragg's Law-회절 등)에 따른 비용 문제가 있고 분석 시간이 길다는 단점이 있다.

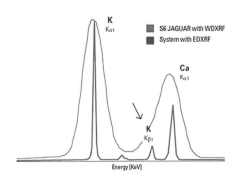

	WD-XRF	ED-XRF
방법	원소에서 발생한 파장 별로 분리	원소들의 에너지값에 따라 분리
분석원소	B~U	Na~U
분석시간	길다	짧다
분해능	좋다	나쁘다

◎ ED 및 WD XRF의 Peak 및 비교 테이블
출처: BRUKER

X선 형광분석 장비 구성과 설명 🔍

X선 형광분석(XRF) 측정 장비는 기본적으로 X선 발생장치(X-Ray Tube), 샘플, 검출기, 데이터 분석으로 구성한다.

X선 발생장치는 사이드 윈도(Side window), 엔드 윈도(End window)로 나뉜다. Side window는 음극의 전자를 직접 발사하여 효율이 낮고 충돌로 열이 많이 발생한다. End window는 고전압을 이용하여 음

극에서 발생하는 전자를 유도하는 방
식으로 효율은 좋지만 가격이 비싸다.
X-Ray Tube 안에서 Target Material은
Rh, Mo, W 등이 사용되는데 재료 특성
에 따라 측정할 수 있는 범위나 에너지
가 달라진다.

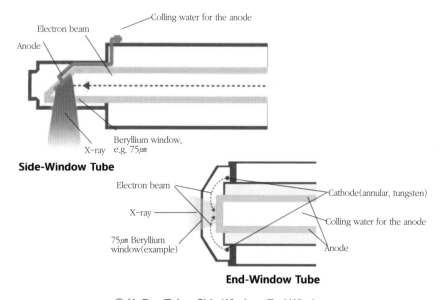

◎ X-Ray Tube—Side Window, End Window
출처: BRUKER

XRF 샘플로는 고체 시료, 펠릿, 융합 비드 등이 사용되며 모두 시
료의 균질성을 위해 시료 상태에 맞게 전처리한다. 액체도 가능하지

만 제한된 환경에서 측정이 가능하다. 시료 표면이 평탄해야 분석오차가 적으며 고체의 금속 시료의 경우 전단 및 표면처리가 필요하다. 펠릿은 재료 분쇄, Binder와 압력을 통한 시료 균질화가 필요하다. 융합 비드는 고온으로 시료를 만들어 비용이 많이 드는 단점이 있다.

WD-XRF에 있는 크리스털(Crystal)은 핵심 분석 장비로 시료에서 나온 파장 에너지를 분류하여 검출기로 보낸다. 크리스털 앞에는 시준기(Collimators)가 있는데 시료에서 발생한 형광 에너지 중 직진성이 있는 에너지를 골라내 크리스털로 보내는 역할을 한다. 크리스털에서는 브레그 법칙(Bragg's Law)과 파장의 간섭효과(상쇄, 보강)를 이용하여 검출기로 보낸다.

분석장치에서 가장 중요한 부분인 검출기(Detector)는 조사된 X선에 의해 시료에서 방출되어 나오는 신호를 받아들이고 검출된 형광

◎ S2 PUMA ED-XRF 및 Automation
출처: BRUKER

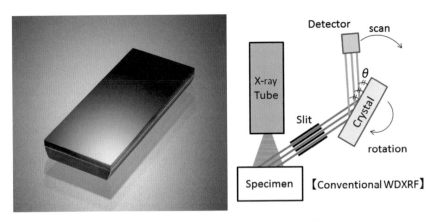

○ Crystal XS-400 및 WD-XRF Crystal 개요

출처: BRUKER 및 Polychromatic simultaneous WDXRF for chemical state analysis using laboratory X-ray source

X선의 종류와 양으로 물질을 정성·정량하는 장치이다. 검출기는 반도체 소자를 일반적으로 사용하며 종류로는 실리콘(Si) 검출기, 실리콘 PIN 검출기, 실리콘 드리프트 검출기 등이 있다.

ED-XRF에서 가장 많이 사용되는 검출기는 실리콘 드리프트 검출기-SDD(Silicon Drift Detector) 방식이다. WD-XRF는 크리스털에서 나오는 파장이 통과할 때 개별 광자를 계산하는 감지 및 빠른 속도로 처리하는 감지기(Gas Flow Proportional Counters, Scintillation counters 등)가 있다.

XRF의 데이터 분석은 정성분석이 가능하며 검량선법을 이용한 정량분석 또한 가능하다. 검량선법은 표준시료를 통해 작성된 검량곡선을 바탕으로 시료를 정량분석하는 방법이다. 표준시료가 없는 미지시료 측정에는 반정량분석법을 이용하며 측정조건과 Fundamental Parameter를 이용하여 X선 세기를 이론적으로 계산해 조성을 구하는 방법이다.

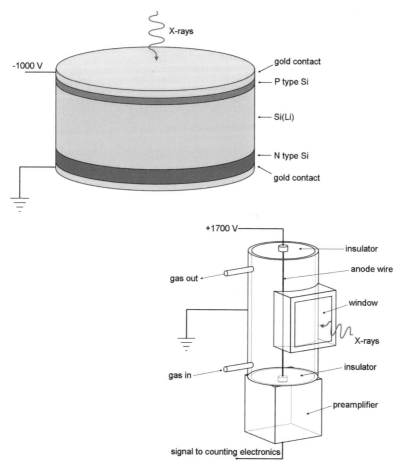

◎ XRF Si Detector 및 Gas Flow Proportional Counters
출처: 위키피디아

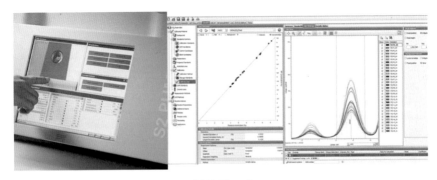

◎ XRF 분석 및 Calibration
출처: BRUKER

    XRF의 결과 성적서를 보면 원소는 산화물 형태로 나오며 각각의 원소 농도 분율의 총합은 100%가 된다. XRF를 이용해 원하는 원소에 대한 검량선법 등으로 정성·정량 분석이 가능하다. X선 형광분석 유튜브 동영상을 참고하자(S8 TIGER, WD-XR - https://youtu.be/r6GylqyN3hg). Bruker 홈페이지에 접속하면 다양한 XRF에 대한 동영상을 볼 수 있으며 온라인 교육을 Webinar를 통해 들을 수 있다.

XRF 분석 시 시료의 입자 크기에 따라 분석 결과가 다르게 나올 수도 있다. 엄밀히 따지면 XRF는 광자에 따라 침투 깊이가 유한하다. 아래 구리와 니켈의 입자 크기에 따른 XRF 침투 그림을 보자.

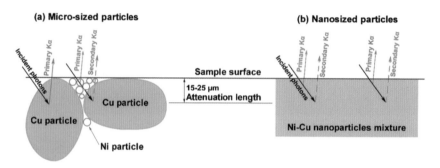

○ 구리-니켈 혼합물의 모폴로지: (a) 마이크로 크기 및 (b) 나노 크기 분말

출처: X-ray Fluorescence Spectroscopy Features of Micro- and Nanoscale Copper and Nickel Particle Compositions

초기 분말의 입자 크기 분포는 마이크로 단위 크기의 경우 구리 입자의 평균 크기가 Ni보다 훨씬 큰 것을 보여준다. 이에 반해 나노 단위 크기의 경우 구리 입자의 크기는 니켈보다 거의 3배 정도 작다. XRF 분석 시료를 만들면서 혼합, 형성 및 압착 절차는 다양한 크기와 특정 형태의 입자를 재분배한다.

따라서 XRF에서 광자가 방출되면 마이크로 단위의 크기에서는 구리 입자가 니켈 입자보다 검출될 확률이 높으며 니켈 입자는 상대적으로 구리 입자에 막혀 불검출될 확률이 높다. XRF는 침투 깊이가 유한하기 때문에 분석하고자 하는 시료의 입자 크기에 따라 원소들의 함량 분포가 달라질 수 있으며 크게는 함량 차이도 보일 수 있어 분석 조건을 균일하게 해야 한다. 실제 현업에서도 XRF 함량 분석에 따라 제품 불량이 발생할 수 있기 때문에 최대한 같은 조건에서 측정을 진행해야 올바른 결과를 얻을 수 있다.

XRF는 제품검사에도 사용되지만 환경오염을 측정할 때도 많이 사용된다. 납(Pb)은 독성금속으로 낮은 수준만 노출되어도 인간의 건강에 미치는 영향이 크다. 납의 환경오염은 채광, 제련, 재활용 등으로 인한 산업활동에 의해 많이 발생한다. 납축전지 재활용 공장에서 배출되는 대기 중 납 농도와 토양에 납이 오염되는 농도를 XRF로 측정하였다. XRF는 파장 분산형 X선 형광 시스템(Rigaku, ZSX Primus II, Tokyo, Japan, WDXRF)으로 분석하였다.

중앙의 빨간 십자가 표시가 납 재활용 배터리 공장이며 공기 중 TSP(총부유미립자) 가운데 납(Pb)을 XRF로 분석하여 도식화하였다.

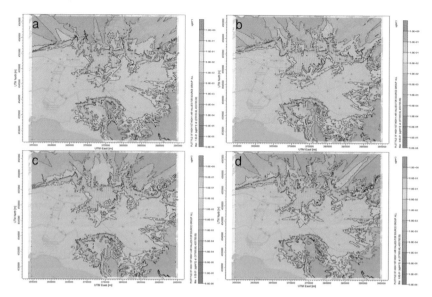

○ 납(Pb)의 TSP(total suspended particulate, 총부유미립자)의 최고 시간당 값(μg/m-3)

출처: Dispersion Effects of Particulate Lead (Pb) from the Stack of a Lead Battery Recycling Plant

X선 형광분석

X선 형광분석(XRF)은 시료에 포함된 구성 물질의 원자에 대한 스펙트럼을 이용한 것으로 모든 종류의 시료에 대해 원소 조성과 관련된 정성·정량분석이 가능한 정확한 방법이다. 기기의 구성이 간단해 가볍고 이동이 가능한 장치(Portable XRF)가 많이 개발되어 시판되므로 현장에서 누구나 신속하게 직접 분석이 가능하다는 장점이 있다.

화합물의 조성이나 양에 대한 추정은 어느 정도 가능하지만 복잡한 화합물이나 물질이 여러 종류 섞였을 때는 정확한 정보를 알 수 없으며 일부 가벼운 원소는 측정하기 어렵다. 표준시료를 이용한 검량법을 적용하지 않는 단순한 표면 정성분석으로는 정확한 정보를 얻을 수 없고 신뢰하기 어려우며 분석 감도가 낮아 일반적인 검출한계는 수 ppm 정도 수준이다. 또 통상적인 검출 농도 범위는 0.01~100% 수준이다.

정량분석 방법 중 XRF와 ICP 방법이 많이 비교되는데, XRF는 정량·정성분석에 용이하며 분석 시간이 ICP 분석에 비해 빠른 편이나 분석 시료의 전처리에 따라 메트릭스(Matrix) 영향이 있는 것이 단점이다. ICP의 경우 어떤 재질이든 용액으로 만들어 분석하므로 Matrix 영향이 적어 ICP가 좀 더 정확한 정량분석이 가능하지만, 전처리 용액 제조 시 희석 및 오염의 오류, 시간과 비용이 많이 드는 단점이 있다.

XRF를 이용하여 합금을 분석해 다양한 금속 성분의 정밀한 정성·정량분석이 가능하며 사업장 내의 토양 안에 있는 중금속 분석 등 환경 분야에 적용될 뿐만 아니라 광산, 제약, 시멘트 등 다양한 산업에서 사용된다.

·우주 최초의 물질상태, 유도결합 플라즈마 분석·

유도결합 플라즈마 이론과 종류 🔍

　유도결합 플라즈마(Inductively Coupled Plasma, ICP)는 전자기 유도, 즉 자기장에 따라 생성된 전류에 의해 에너지가 공급되는 플라즈마 소스의 유형이다. 플라즈마 온도는 약 5,500도이며 분자들이 화학적 결합과 관계없이 끊어지므로 이때 수집한 플라즈마 이온 정보를 분석해 정성·정량분석에 이용한다.

　유도결합 플라즈마에서는 분석 장비에 따라 나뉘는데 원자방출분

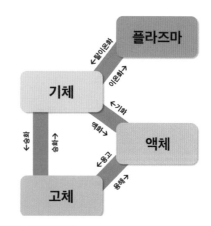

◑ 플라즈마 사진, 물질의 상태변화
출처: 위키피디아

광법을 사용하여 원자 이온을 분석하는 것을 ICP-AES라 한다. 시료가 이온화되어 다른 특성의 파장이 나오는 부분을 검출하는 방법이다. ICP-MS는 원자의 고유한 질량 차이를 이용한 극미량 분석에 용이한 분석 방법이다. 플라즈마로 이온화한 시료들의 원자들을 질량 대 전하비(Mass to Charge)를 이용해 검출하는 방법이다.

유도결합 플라즈마 장비 구성   Q

유도결합 플라즈마에서 플라즈마를 생성하는 방법은 다음의 오른쪽 그림과 같다. 전류가 유도 코일(D, Induction Coil)을 통과하면 자기장을 생성하며 아르곤(Ar) 가스를 B 방향으로 흘려주면 Faraday-Lenz의 법칙에 따라 기전력을 생성한다. 아르곤(Ar) 가스는 자기장에 의해 가속되어 더욱 이온화하고 플라즈마를 형성하며 시료를 운반가스를 이용해 C 방향으로 흘린다.

시료는 분무기로 에어로졸 형태로 만들어 플라즈마에서 이온화 과정을 거쳐 Emission region(F, 보라색) 부분을 검출기로 측정한다. 시료에 따라 도입된 염과 용매 부하에 플라즈마의 영향이 있어 시료에 질산(HNO_3)을 첨가하여 시료 분석의 영향을 최소화한다.

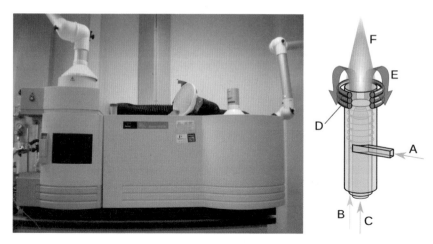

○ ICP-AES 장비 사진과 플라즈마 발생 원리
출처: 위키미디어; 위키피디아

시료를 검출하여 데이터를 분석하는 데 보통 ICP-AES, ICP-OES와 ICP-MS 분석기를 사용한다. ICP-AES와 ICP-OES는 각각 원자방출 분광법, 광학적 발광분광법으로 구분하는데 시료를 분석하는 방법은 같아서 큰 차이는 없다. ICP-AES와 ICP-OES는 시료에 플라즈마 에너지를 제공해 시료에 존재하는 원자들이 빛 또는 에너지를 방출하는데, 이를 검출함으로써 정성·정량분석이 가능하다.

ICP-MS는 ICP-OES와 마찬가지로 유도결합 플라즈마를 사용하는 것은 같으나 시료를 원자화하고 원자화한 시료를 검출한다. ICP-MS는 ICP-OES에 비해 ppt 농도까지 아주 극미량의 농도 분석이 가능하고 정밀도가 높지만 오염에 취약하고 시료 전처리, 분석 방법 등에

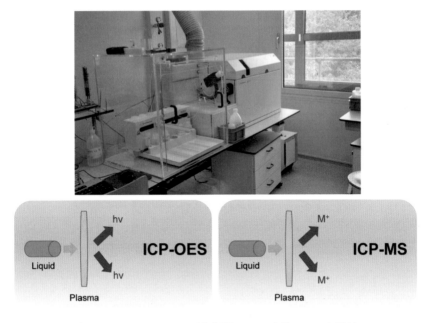

◎ Agilent 7500 ICP–MS 장비 및 ICP–OES와 ICP–MS 차이
출처: 위키미디어

고숙련된 기술이 필요하다.

유도결합 플라즈마에서 데이터 분석은 보통 검량선 분석을 이용한
다. 정량분석의 경우 분석하고자 하는 원소의 ICP 표준물질 또는 표
준용액을 이용해 검량선을 제작한다. ppm 농도의 데이터 분석은 주
변 파장의 간섭을 제거해야 하며, 파장 강도의 경우 시료 원소의 양
과 비례 등과 같은 내용을 고려하거나 측정 평균치 등을 고려해 데이
터 분석을 해야 한다.

Agilent에서 제조한 Agilent 7700 Series ICP-MS Animation에 대한 동영상을 참조하자(https://youtu.be/rH_TEDa1qV0). ICP-MS를 구성하는 장비와 원리에 대해 자세한 설명을 들을 수 있다.

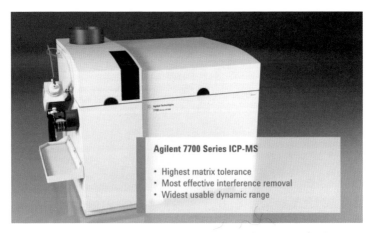

○ NETCHEM Project-Agilent 7700 Series ICP-MS Animation

유도결합 플라즈마 응용　　　　　　　　Q

음용수, 산업용 폐수, 바닷물 이온 농도, 토양 등 환경이나 인체에 영향을 주는 원소와 농도 분석이 가능하며 섬유, 반도체 등 화학산업에서 생산되는 제품들의 불순물이나 공정에서의 불순물 관리 등 분석이 가능하다.

토양과 물에 널리 퍼져 있는 망간 산화물은 다양한 미량의 금속

Mineralogy (as deduced by XRD and SEM–EDX), pH range of precipitation, and trace metal content (as measured by ICP-AES, AAS, and/or ICP-MS) of Mn oxides formed by Mn(II) oxidation in Mn-rich waters from different Spanish mine pit lakes (on site or in the lab).

Lake	Mineralogy	Conditions	Precip. Kinetics	pH	Ba ppm	Cd ppm	Co ppm	Mo ppm	Ni ppm	Se ppm	Pb ppm	Zn ppm
CB	Man	Lab oxidation	Slow (lab)	8.5–9.0	333	n.d.	26	n.d.	25	n.d.	n.d.	279
CB	Man	Lab oxidation	Slow (lab)	8.5–9.0	445	n.d.	6	n.d.	8	n.d.	n.d.	225
ZP	Asb	Lab oxidation	Slow (lab)	8.5–9.0	532	153	2266	n.d.	3220	n.d.	n.d.	1101
GUA	Bir	Lab oxidation	Slow (lab)	8.5–9.0	2394	183	1424	n.d.	814	n.d.	n.d.	2713
GUA	Bir	Lab oxidation	Slow (lab)	8.5–9.0	2244	n.d.	38	n.d.	45	n.d.	n.d.	1010
GUA	Tod	Lab oxidation	Slow (lab)	8.5–9.0	n.m.	n.d.	560	n.d.	200	n.d.	n.d.	132
CM	Des, Haus	Lab neutralization	Fast (lab)	9.0–10.0	n.m.	n.d.	6566	n.d.	3095	n.d.	n.d.	6982
ST	Des, Haus	Lab neutralization	Fast (lab)	9.0–10.0	n.m.	n.d.	2981	n.d.	1601	n.d.	n.d.	3142
Reo	Bir	Natural precipitate	Slow (on site)	7.0–8.0	n.m.	53	2125	123	675	228	177	10,533
Reo	Bir	Natural precipitate	Slow (on site)	7.0–8.0	n.m.	65	2215	180	390	222	218	99,813
Reo	Tod, Ran	Natural precipitate	Slow (on site)	7.0–8.0	n.m.	74	3099	256	465	195	287	85,200
Reo	Bir	Natural precipitate	Slow (on site)	7.0–8.0	n.m.	24	900	100	116	140	239	54,060
Reo	Bir	Natural precipitate	Slow (on site)	7.0–8.0	n.m.	66	1042	n.d.	380	53	10	130,000
Reo	Bir, Lit, Pyr	Natural precipitate	Slow (on site)	7.0–8.0	n.m.	62	420	51	311	64	480	76,029

Abbreviations: n.m., not measured; n.d., not detected; Mine locations: CB, Brunita; ZP, La Zarza; GUA, Guadiana; CM; Cueva de la Mora; ST, San Telmo; Reo, Reocín. Mineral names: Bir, birnessite; Tod, todorokite; Ran, ranciecite; Lit, lithioforite; Pyr, pyrochroite; Man, manganite; Asb, asbolane; Des, desautelsite; and Haus, hausmannite.

출처: Coprecipitation of Co2+, Ni2+ and Zn2+ with Mn(III/IV) Oxides Formed in Metal–Rich Mine Waters

(Trace metal)을 흡착하는 능력이 좋다. 다음은 스페인의 광산에서 채취한 망간 산화물에 대해 ICP-MS를 이용하여 미량의 금속을 분석한 데이터이다. 이처럼 각기 다른 환경에서 생성된 망간 산화물이 미량의 금속을 흡착하는 능력이 다르다는 것을 알 수 있으며, ICP-MS 분석으로 이를 확인할 수 있다.

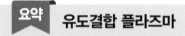

요약 유도결합 플라즈마

유도결합 플라즈마(ICP)는 분자들의 파장(원자, 질량 대 전하비) 등을 측정하여 정성·정량분석을 하는 방법이다. 특히, 저농도 분석(ppm 단위)이 가능하며 ICP–

MS의 경우, ppt 단위까지 분석이 가능하다. ICP 분석은 분석 효율이 높으며 동시에 다원소 측정이 가능한 현대 최고의 분석 장비이다.

검출 한도가 높은 것이 장점이지만 설비에 따라 분광학적 간섭으로 재현성이 떨어질 가능성이 있으며 시료의 오염도에 따라 분석 결과 차이가 클 수도 있다. 그리고 설비 가격이 상당히 고가이며 ICP-AES, MS 이외에 단점을 개선하거나 동위원소 등을 분석하고자 추가 설비 구축이 필요하다.

ICP 분석에 사용되는 유도결합 프라즈마는 다양한 산업에서 응용되며 정량분석에는 특히 많이 사용된다.

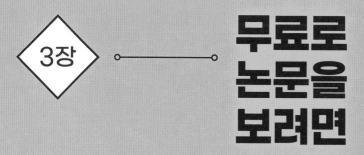

3장

무료로
논문을
보려면

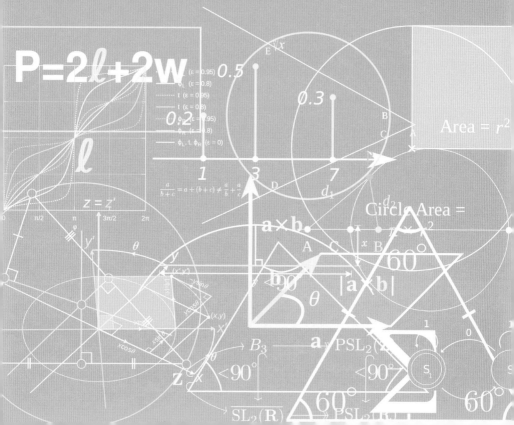

대학이나 대학원에서는 온라인으로 학교 도서관 시스템이나 대학 연구실을 이용하여 논문을 연구하고 공부한다. 하지만 졸업하면 일정 비용을 내야 온라인 도서관 시스템을 이용하여 논문을 볼 수 있어 유료로 비용을 지불하거나 다른 복잡한 방법을 이용하여 논문을 받아 공부한다. 따라서 대학이나 대학원을 졸업한 사람들은 논문을 연구하거나 공부하는 데 상당히 제약이 있다. 학술저널 구독 비용이 늘면서 정보를 이용할 때 비용이 부담되자 이를 해소하고 자유롭게 접근해 이용할 수 있도록 오픈 액세스 저널(Open Access Journal)이 만들어졌다.

오픈 액세스(Open Access)는 비용과 장벽의 제약 없이 이용 가능한 연구성과물로 누구나 무료로 정보에 접근해 활용할 수 있으며, 저작물 생산자와 이용자가 정보를 공유하는 행위이다. 오픈 액세스는 저작물의 자유로운 이용을 위해 크리에이티브 커먼즈 라이선스(CCL)를 따르며 재정적·법률적·기술적 장벽 없이 인터넷을 통해 학술논문의 원문을 누구나 무료로 접근하여 읽고, 저장하고, 복제하고, 배포하고, 탐색할 수 있도록 저자들이 허용한 것이라 정의하였다(위키피디아).

세계 유명 저널에서도 오픈 액세스 저널을 늘려가는 추세이며 국내에서도 오픈 액세스 저널을 인터넷에서 쉽게 검색할 수 있나. 오픈 액세스 저널은 빠른 리뷰와 온라인 출판을 장점으로 최근 많은 저널이나 학회에서 신설하지만 비싼 출판비에 기존의 대규모 학회나 저널에 비해 평가가 낮은 면도 있다. 하지만 〈네이처(Nature)〉나 〈엘스비어(Elsevier)〉 등 유명한 저널에서도 오픈 액세스 논문을 내고 있고 많은 유명 저널이 준비하거나 개설하고 있어 오픈 액세스 저널은 상당히 성공적으로 정착했다고 볼 수 있다.

아직은 오픈 액세스 저널에 있는 논문 수준이 기존 저널 논문 수준에 비해 부족한 면도 있지만 그래도 상당히 잘 나온 논문도 많아서 오픈 액세스 논문을 활용하는 것으로 충분한 연구가 가능하다. 국내에서도 학회나 출판사에서 발간한 논문에 합법적으로 무료로 접근할 수 있는 통합 사이트들이 많이 생겨나고 있다.

국내 오픈 액세스 학술지 검색이 가능한 사이트는 다음과 같다.

• 국가 오픈 액세스 플랫폼

https://www.koar.kr

국내 오픈 액세스 논문이 약 3천만 건 있으며 규모도 크다. 오픈 액세스 유형에 따라 Gold, Green, Bronze 등으로 나뉜다. 국내의 오픈 액세스 저널 학술지를 대부분 검색할 수 있다.

• 국가리포지터리

http://www.oak.go.kr

국가리포리터지는 국립중앙도서관에서 만든 Open Access Korea (OAK)로, 산학연 기관·전문가가 참여하는 지식협력체로 누구나 참여할 수 있다. 학술지뿐만 아니라 보고서, 특허, 데이터 등 100만 건이나 되는 다양한 자료가 있다.

• Korea Open Access Journals
https://www.kci.go.kr/kciportal/landing/index.kci

한국연구재단에서 만든 Korea Open Access Journals는 학문별·학회별로 학술지 검색이 가능하다. 다양한 학회에서 발행된 논문과 자료를 연도별로 확인하는 데 편리하다.

그밖에 학술연구정보서비스(RISS)나 화학 공학 및 재료와 관련한 학회 사이트 등에서도 학술지 검색이 가능하나 오픈 액세스 저널 외에 국내외 학술지가 다양해서 주로 위의 세 사이트에서 국내 오픈 액세스 학술지를 검색할 수 있다.

다음은 해외 오픈 액세스 저널을 소개한다.

• DOAJ(Directory of Open Access Journals)

https://doaj.org

DOAJ는 스웨덴 룬드대학 도서관에서 제공하며 무료로 학술지 내용을 읽고 다운로드가 가능한 사이트이다. 저널 분야도 다양하며 저널 이름 또는 학술지 키워드 검색이 가능하다.

• Nature Communications

https://www.nature.com/ncomms

Nature는 아주 유명한 저널로 오픈 액세스 저널을 별도로 가지고
있다. IF(Impact Factor)가 높을뿐더러 수준 높은 학술지도 많이 올라오

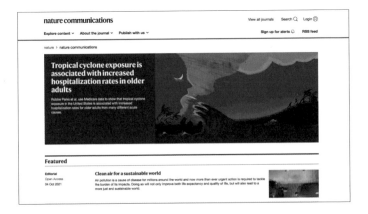

며 종합과학 분야의 최고 오픈 액세스 저널로 봐도 무방하다.

Nature communications 외에 Scientific Reports도 오픈 액세스 학술지로 볼 수 있다.

• MDPI(Multidisciplinary Digital Publishing Institute)

MDPI 오픈 액세스 저널은 세계에서 규모가 큰 출판사로 알려져 있으며 출판된 논문의 수도 많다. 오픈 액세스 저널의 성장성이 무척 빠르지만 사업적 이익에 치중하거나 출판까지 빠르게 처리하다 보니 수준이 낮은 논문도 많다는 논란이 있지만 상당히 많은 자료를 보유하고 있다.

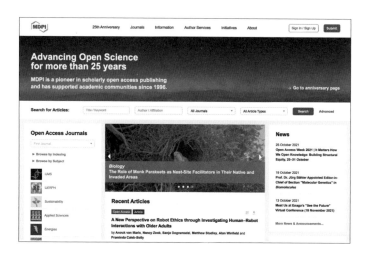

이밖에 유명한 저널인 Wiley, Elsevier, Springer, ACS 등에서도 오픈 액세스 사이트를 운영 중이거나 준비 중이다. 오픈 액세스 논문의 수준과 자질에 논란이 많지만, 오픈 액세스 논문도 활용도가 충분하다고 생각한다. 연구 방법이 부족하거나 체계적이지 않아도 다양한 접근 방식을 오픈 액세스 논문을 통해 무료로 빠르게 연구하고 공유할 수 있다는 점에서 향후 오픈 액세스 학술지와 서닐들이 이용자들 사이에서 올바르게 정착할 거라고 생각한다.

소재 산업은 국가 경쟁력

소재 산업은 우리나라 산업의 중심이며 제조업의 뿌리가 되는 산업입니다. 반도체, 디스플레이, 자동차, 2차 전지 등 전자, 화학, 기계 산업에서 가장 기본이 되는 기술임과 동시에 경쟁력의 핵심 요소입니다.

최근 일본의 수출 규제에 대응하기 위해 2020년에 소재, 부품, 장비(이하 소부장) 공급 안정화를 목표로 국가에서 정책적으로 소부장 산업의 경쟁력 강화를 주문하고 있으므로 이에 대책을 세우고 산학연을 중심으로 대응하고 있습니다. 이를 통해 소재 산업의 핵심 기술력을 확보하고 기업에 안정적인 공급역량을 확보함으로써 국가의 산업 체질을 근본적으로 개선하려고 노력합니다.

소재 산업이 발전하려면 소재에 대한 이해가 높아야 하며 기초 지식의 누적을 통한 원천 기술을 반드시 확보해야 합니다. 이런 기술적 장벽으로 소재 산업은 높은 부가가치를 가져다주며 기술력을 통해 제품의 수명과 안정성을 높여줍니다.

그러나 우리나라 제조업은 조립가공형 중심으로 성장했으며 무역수지는 흑자이지만 핵심 소재나 부품은 선진국에서 주로 수입했기 때문에 소재 강국인 독일, 일본 등에 대해서는 적자를 지속하지만 최근 연구개발 투자 확대, 혁신 기술 확보를 꾸준히 추진해온 결과 2017년 우리나라는 6위까지 도약했다고 합니다(출처: 산업연구원, 2019년 산업경제 – 한국, 소재 부품 산업의 현황과 과제).

4차 산업혁명 시대를 맞이하여 소재 산업은 중요성이 더 커지고 있습니다. 그래핀과 같은 2차원 재료의 발전이 가져다줄 혁명, 차세대 메모리 반도체, 차세대 배터리 기술, 자가 치유 고분자, 생체 재료 등의 소재가 가져다줄 미래는 실제 생활에 많은 변화를 줄 것으로 예상합니다.

이렇게 소재의 중요성이 커지면서 소재를 이루는 재료의 분석 방법과 이해에 대한 관심도 많아지고 있습니다. 소재의 이해와 분석 방법에 대한 지식은 곧 과학의 기초 지식과 연관이 크므로 재료들의 특성을 구분하여 소재를 구성하는 재료들을 조화롭게 만들어 국가 기초과학의 발전을 이끌고 수출 제품의 경쟁력을 높여줄 것으로 예상

합니다.

소재 산업이 이렇게 중요하고 국가적으로 많은 정책과 투자가 지원되나 미래에 우리나라의 국가 경쟁력을 이끌 엔지니어를 배출하는 대학에서 배우는 소재 관련 학문은 여전히 어렵습니다.

대학교 고학년에 올라가 재료, 소재에 대한 학문을 배우는데, 소재 관련 학문에 대한 이해보다는 여전히 암기 위주 교육이 진행되고 있습니다. 교육 정책이나 교수를 비판하기에 앞서 실제 대학에서 가르치는 내용과 소재 관련 기업에서 사용하는 실무에 차이가 크다는 점을 인정해야 합니다.

예를 들어 XRD(X선 회절분석법)를 대학에서 배우면 브레그 법칙(Bragg's law)에 대한 기초 지식을 배우며 XRD 분석 방법을 배우게 됩니다. 물론 기초 지식도 중요하지만 기업에서는 데이터의 신뢰성을 확보하기 위해 분석 절차와 방법이 중요합니다. 실제 XRD 분석 결과를 바탕으로 라이브러리에 대입하여 시료의 구조를 파악하고 결정화도나 결정 크기 등 시료가 원하는 대로 제조되었는지 데이터를 측정·비교하여 원하는 결과를 얻는 게 중요하지만 현재 대학 교육에서는 이러한 실무 경험을 가르치기에는 어려움이 많이 있습니다.

대학에서 기초 지식은 잘 가르치나 실제 받아들이는 학생은 어떻게 사용하는지 전혀 모르게 됩니다. 기업에 신입 엔지니어가 입사하면 처음부터 다시 교육한다는 인터넷 기사도 이런 이유로 그럴 것으로 생각됩니다.

1990년대, 2000년대 초반까지만 해도 XRD는 고가 장비로 대학원생이 아닌 이상 대학생이 사용하는 것은 거의 불가능했습니다. 하지만 최근에는 컴퓨터가 발전하면서 시뮬레이션으로 XRD를 사용할 수 있으며 실제 XRD 장비 분석 결과와 비슷한 결과를 얻을 수 있습니다. 대학에서 배우는 기초교육과 기업에서 사용하는 응용 방법을 시뮬레이션해 배우면 대학도 기업도 모두 이익이 될 것입니다.

이 책은 이런 부분에 대해 대학생, 대학원생, 신입 엔지니어들과 많은 것을 공유하고자 펴냈습니다. 대학에서 배우는 기초 지식보다는 오픈 액세스 논문, 분석 노하우 등을 통해 재료 분석 방법에 대한 응용법을 공유하고자 하였으며 기초 지식은 고등학생도 이해하도록 최대한 쉽게 기술하였습니다.

물론 장비 이론이나 분석화학 원서보다는 완성도가 부족할 수 있으나 기초 지식은 학교에서나 인터넷을 통해 충분히 배울 수 있다고 생각합니다. 그리고 필자가 겪은 직장 생활 그리고 지인과 선후배 사이에서 있었던 일들을 기반으로 기업에서 엔지니어의 생활과 역할을 현재 엔지니어나 앞으로 엔지니어를 꿈꾸는 많은 사람과 공유하고 싶습니다.

2020년 가을부터 정부나 기업에서 소재 연구 플랫폼을 만들고 있습니다. 국가적으로 소재 연구 데이터를 수집·공유·활용해 플랫폼을 구축함으로써 슈퍼컴퓨터 지원을 통해 기업과 학교의 신소재 개발을 도울 정책을 수립하고 있습니다.

SKC 기업의 신소재 기술 기반 오픈 플랫폼 '산업의 고수', 온라인 기술 문제 해결 플랫폼(K-techNavi) 등 기업과 국가에서 플랫폼 산업을 통해 소재나 소재 문제 해결에 많은 관심과 지원을 시작했다는 것도 환영할 일입니다. 소재 산업은 미래산업의 중심 산업이며 뿌리 산업이라 생각합니다.

최근 코로나19의 출현과 세계적 팬데믹은 기업과 국가 경제에 악영향을 주고 있지만 백신 공급을 통한 집단 면역과 방역 활동으로 코로나19가 잠잠해지면 다시 산업에 활기를 찾을 것으로 예상합니다.

소부장 정책과 더불어 IT산업의 플랫폼 등 다양한 소재 개발에 국가적 역량을 쏟아부어 기초과학 소재, 친환경 소재, ICT 신소재, 바이오 소재 등 대한민국이 자랑스러운 소재 강국이 되었으면 합니다.

이 책이 대학생이나 기업에 입사하는 신입 엔지니어에게 도움이 된다면 필자에게는 큰 보람이 될 것입니다.

중앙경제평론사 Joongang Economy Publishing Co.
중앙생활사 | 중앙에듀북스 Joongang Life Publishing Co./Joongang Edubooks Publishing Co.

중앙경제평론사는 오늘보다 나은 내일을 창조한다는 신념 아래 설립된 경제 · 경영서 전문 출판사로서 성공을 꿈꾸는 직장인, 경영인에게 전문지식과 자기계발의 지혜를 주는 책을 발간하고 있습니다.

엔지니어 재료분석

초판 1쇄 인쇄 | 2022년 5월 18일
초판 1쇄 발행 | 2022년 5월 23일

지은이 | 화재연(JaeYeon Hwa)
펴낸이 | 최점옥(JeomOg Choi)
펴낸곳 | 중앙경제평론사(Joongang Economy Publishing Co.)

대　　표 | 김용주
기　　획 | 백재운
책임편집 | 이상희
본문디자인 | 박근영

출력 | 영신사　종이 | 한솔PNS　인쇄 · 제본 | 영신사

잘못된 책은 구입한 서점에서 교환해드립니다.
가격은 표지 뒷면에 있습니다.

ISBN 978-89-6054-297-6(13570)

등록 | 1991년 4월 10일 제2-1153호
주소 | ⊕ 04590 서울시 중구 다산로20길 5(신당4동 340-128) 중앙빌딩
전화 | (02)2253-4463(代) 팩스 | (02)2253-7988
홈페이지 | www.japub.co.kr　블로그 | http://blog.naver.com/japub
페이스북 | https://www.facebook.com/japub.co.kr　이메일 | japub@naver.com
♣ 중앙경제평론사는 중앙생활사 · 중앙에듀북스와 자매회사입니다.

Copyright ⓒ 2022 by 화재연
이 책은 중앙경제평론사가 저작권자와의 계약에 따라 발행한 것이므로 본사의 서면 허락 없이는 어떠한 형태나 수단으로도 이 책의 내용을 이용하지 못합니다.

도서
주문　www.**japub**.co.kr
전화주문 : 02) 2253 - 4463

중앙경제평론사/중앙생활사/중앙에듀북스에서는 여러분의 소중한 원고를 기다리고 있습니다. 원고 투고는 이메일을 이용해주세요. 최선을 다해 독자들에게 사랑받는 양서로 만들어드리겠습니다.　이메일 | japub@naver.com